健康輕鬆飽住瘦

低醣飲食
生活提案
LOW-CARBOHYDRATE DIET

萬人親身體驗，身心做足準備，
輕鬆飽住落磅不是夢！

陳倩揚 著

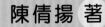

萬里機構

推薦序 1

　　肥胖、能量攝取與消耗是息息相關的。攝取能量就是吃東西，所以要好好控制能量的攝取，離不開對食物的認識。最基礎就是要知道不同食物的能量值（卡路里水平），好好計算每天吃了多少卡路里，是減重飲食的第一個環節。不過，要熟知每樣東西的卡路里其實並不容易，最理想的做法當然找個營養師做貼身指導，不過很多時候因為時間和金錢的限制，未必每個人都可以輕易實行。倩揚的著作可讓大眾對食物營養有初步的理解，把專業的知識深入淺出地分享，有助大眾能踏上健康飲食的路途，逐步了解食物營養這個專業領域的知識。

　　對於減重的飲食方法，除了要有計算食物卡路里的概念，還要了解卡路里以外的營養成分。高碳水化合物和高油分的食物雖為身體提供高能量，即時帶來強烈滿足感，更會刺激食慾，令人不自覺地吃多了食物。另外，高碳水化合物（醣）的食物同時亦是高升糖指數食物，進食後令血糖水平大幅波動，當血糖水平由高變低時，身體就會出現軟弱無力的感覺，即使已攝取大量能量，身體仍然感覺疲倦虛弱，並再次發出肚餓的訊號，造成身體對醣分產生依賴的感覺。久而久之，長期攝取過量卡路里，肥胖問題自然惡化。書中分享的低「醣」飲食可針對高「醣」飲食的問題，非常值得大家了解。

最後，要成功減重，除了對吃進肚子的食物有足夠認識外，其實還需要一套自己可切實執行的方案，例如：就算懂得每天看着營養標籤計算卡路里，人生總不能只吃預先包裝食物，不然到頭來遇到新鮮食物就不懂計算，吃了又會擔心，慢慢地無心再執行減重計劃。倩揚提供了一套容易上手的食物選擇方法，教你挑選食物，讓未能執行減重方案的朋友好好參考，輕鬆踏上減重飲食之路。

　　畢竟減重是終生事業，要有多幾招健康可行的方案，才可輕鬆而持久地維持健康體重！

徐俊苗
外科專科醫生
香港肥胖學會會長

推薦序 2

減醣有妙法，減磅健康達！

我與陳倩揚小姐數年前在香港電台《精靈一點》的節目認識，當時得知倩揚對營養及體重控制非常有興趣，甚至用自己的親身體驗與粉絲們分享減磅經歷。對過重或肥胖的人來說，控制飲食屬終身職業，必定是一個艱辛的過程。作為營養師的我，20年來聽過不少聲稱有效成功減磅的不同方法，包括食肉減肥法、果汁斷食法、減肥酵素，當然離不開近期非常流行的間竭性斷食和生酮飲食法。

在營養師的角度來看，減肥方法「條條大路通羅馬」，最重要是找到一個可以融入個人生活習慣，同時達致均衡飲食，就算控制飲食也要確保攝取身體所需所有營養、吃得開心，以及吃到自己喜歡又健康的食物等。要確保所選的減肥方法沒有副作用（如停經、頭暈、頭痛、過分飢餓、便秘、脫髮、令血脂和血糖水平波幅等），或懂得如何紓緩短暫而輕微的副作用，才算是一個有持續性的健康體重控制方法。

倩揚分享的體重控制宗旨是控制「醣」分攝取，同時攝取高質素的蛋白質和優質油類，並進行適量運動來達致理想體重。很多科學研究指出，精煉的「醣」分（如白米飯、白麵包、高糖分包點、飲品、餅乾等）都不利體重控制。我非常同意倩揚鼓勵粉絲們多進食富含纖維及多種營養素的「原形食物 whole foods」，因為這些食物除了飽肚之外，可穩定血糖

和胰島素，從而有助體重持久性地下降。她亦鼓勵減肥期間不要過分節制飲食，有時候要吃一點 fun foods，才可以令減肥時的心情保持正面。

　　我很高興倩揚大方地把自己的減肥經歷與大家分享，不只是紙上談兵，希望她的粉絲們能吸收她的經驗，從「識飲識食」令自己健康一點。我更希望瘦身後的倩揚永遠是一位活力充沛、有營養、漂亮、開心的 superwoman and supermom！

林思為（Sylvia Lam）

澳洲註冊營養師
香港營養師協會（HKDA）前會長（2007-2019）
香港認可營養師學院（HKAAD）專業委員會主席

序

誕下幼女後經歷坐月及餵哺母乳、儲好「糧倉」，體重一度飆升至 138 磅，當時的我一直安然面對豐滿的身形，甚為圓潤的上鏡身影，只注重產後調理，希望努力經營健康的體魄陪伴孩子成長。2019 年 9 月，幼女 14 個月大時，有感她對母乳需求開始減少，加上日常進食固體食物的時間表穩定，所以毅然決定於 9 月 1 日開始修身計劃，也正好與兩個兒子一同開展「新學期」。

「低醣飲食落磅計劃」透過調整食物配搭改善飲食習慣，過程輕鬆又飽肚，再加上注意吸收足夠水分，雖然恰巧經歷「沒有姐姐的日子」，更加體驗到這個減磅餐單與日常照顧家庭的早午晚餐的「完美共存性」，連帶家人都有更多健康食物選擇。減磅持續 3 個月左右，我已輕鬆減走約 25 磅。

說起減肥，相信大部分女生都擁有豐富的體驗。初入行選港姐、華姐時，我也經歷過「只吃白焯食物」、「調味料全走」的階段；在外進餐知道選擇有限，於是堅持用水浸洗幾次走油走味才吃。雖然當時的確減到磅，可是精神及心情不滿足。認識「低醣飲食落磅計劃」後，發現減磅竟然可以食得飽足、輕鬆健康地進行，本着「食得啱就食得飽」的原則，身體變得聰明了，心態上亦隨之適應而少了亂吃的慾望。我認為開始「低醣飲食落磅計劃」的初期，不需要注重太多數字上的計算，更重要是調整一個輕鬆沒壓力的心態，慢慢透過由改變日常飲食方法，讓自己能夠擁有更健康的身體，同時學懂選擇優質的食物，為自己建立豐富食物庫以吸收均衡多元營養。我常強調希望大家能以健康為終極目標，重視飲食習慣的「可持續性」，將減醣飲食計劃融入

日常生活，養成更理想的習慣，把減到的磅數看成「Bonus」，增肌減脂的同時，趁早遠離「三高」的威脅，為自己的健康把關。

　　鏡頭前，我是一位幕前工作者，鏡頭背後也同為人妻子、母親，經歷「低醣飲食落磅計劃」成功減肥後，我相信將減醣融入生活一定能成功！於是我開始於社交平台分享「我得你都得」的家常實踐方法，並且成立「你得我得行動組 by Skye」。

　　「你得我得行動組 by Skye」轉眼成立一年半，組員人數增至現時約 10 數萬，喜見成功減磅組員多不勝數，看見組員們自改善飲食習慣後，於身體檢查時獲醫生大讚，三高、炎症等問題大有改善，成績令人非常鼓舞。減肥一向是很孤單的，大家可以利用這平台互相支持打氣分享，告解同時求安慰。

　　本書不着重複雜的理論及食物熱量計算，旨在希望為大家提供一個簡單易明、實用的減醣飲食資訊工具書選擇，因此非常適合新手輕鬆跟着做，忙碌的你只要看通挑選食物的原則，試着食得飽食得開心就可以開始第一步。無論你是學生、家庭主婦、雙職母親、白領儷人甚至是男士，透過認識當中的飲食概念，就可以輕鬆愉快地實踐體重管理。書中提供了實用又方便的食譜參考、食材採購一覽表、外出用餐的食物建議等，另外也望能做到「見書飲水」的效果！（笑）各位隊友們，若你的另一半正在為健康進行低醣飲食減肥大計，不妨多了解多陪伴多鼓勵，這就是我們需要最大的支持！就算不打算減重，只要你想追求健康，這本書也很值得你細看！

如有意了解更多有關低醣減重的資訊，請加入：

f 你得我得行動組 by Skye

出版緣起

　　我於 2018 年誕下女兒後，體重增至 138 磅，2019 年 9 月決心開始努力回復體態，透過與醫生、營養師訪談及參考網上各家的減重方法，整合出書中這套「食得飽、減得輕鬆、毋須節食、不反彈」的飲食模式，成功於 3 個月內輕鬆減走 25 磅。

　　2020 年 1 月，於社交平台創立「你得我得行動組 by Skye」，至今擁有超過 10 萬名組員，組內成功健康落磅的例子，令人非常鼓舞。我希望透過簡單家常煮食示範、整合的資料及經驗，讓更多讀者認識及懂得選擇適當的食物，逐步調整成為一套對健康較理想、最適合自己的飲食模式。我喜見組員們能夠掌握均衡的飲食、豐富食物的選擇、多元營養之日常進食概念，達至輕鬆健康落磅的效果。

　　我希望能夠身體力行，以行動感染大家早日由基本飲食關注身體健康，誠邀各位由今日開始，為自己作出精明的選擇，「我得你都得」！

目錄

第一章
坊間的減肥迷思
—— 認識肥胖的成因及常見的減肥方法

第二章
甚麼是低醣飲食法？
—— 改善身體狀況的飲食原理

第三章
你得我得落磅計劃
—— 決心實踐低醣飲食

第四章
你得我得低醣小教室

—— 看懂營養標籤，計算蛋白質，輕鬆減磅

第五章
你得我得飲食清單
—— 多元選擇，均衡營養，減磅也需吃得很豐富

第六章
你得我得新手入門篇
—— 消除疑慮，為理想健康積極行動

坊間的減肥迷思

認識肥胖的成因及常見的減肥方法

1.1
「減肥」是熱門話題

「減肥」可能每個人都試過，就算沒試過，身邊總會有朋友談及這個話題。近年，現代人開始關注健康，「減肥」已經不再單是追求外表終身美麗，隨着資訊發達，越來越多人了解肥胖可引致不同的疾病；因此，「減肥」也不再是女性的終生事業，漸漸地很多男士也關注這個話題。

何謂肥胖？

減肥熱潮從來未停止過，很多人明明身形看來不胖，卻常説自己肥胖，硬要湊減肥熱潮。到底如何判斷自己是否肥胖？我們需要科學一點，讓數據來判斷一下！

其中一個全球最常用的指標為身高體重指數（Body Mass Index, BMI）。BMI 是一項有關身高及體重的指數，是國際公認衡量一般成年人肥胖程度的客觀指標。根據多項國際及本地研究顯示，指數升高，患病風險與死亡率會相應提高。

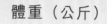
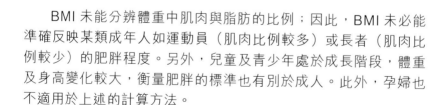

$$\text{BMI 計算方法} = \frac{\text{體重（公斤）}}{\text{身高（米）} \times \text{身高（米）}}$$

BMI 未能分辨體重中肌肉與脂肪的比例；因此，BMI 未必能準確反映某類成年人如運動員（肌肉比例較多）或長者（肌肉比例較少）的肥胖程度。另外，兒童及青少年處於成長階段，體重及身高變化較大，衡量肥胖的標準也有別於成人。此外，孕婦也不適用於上述的計算方法。

以下為世界衞生組織西太平洋區域頒佈給亞洲成年人參考的 BMI 分類，與患上嚴重疾病風險的對照表：

分類		BMI（公斤 / 米²）	患上嚴重疾病風險
過輕		<18.5	低（但體重過輕對健康有其他影響）
正常		18.5-22.9	普通
過重	邊緣	23-24.9	增加
	肥胖（中度）	25-29.9	中度
	肥胖（嚴重）	>30	高度

參考資料：WHO / IASO / IOTF. (2,000). *The Asia-Pacific Perspective: redefining obesity and its treatment*. Health Communication Australia Pty Ltd.

中央肥胖

BMI 雖被廣泛用於衡量肥胖程度，但未能有效反映身體的脂肪分佈。中央肥胖（俗稱「大肚腩」），即腹部積聚過量脂肪，與整體脂肪過多的致病風險同樣高；研究指出腰圍可反映腹部脂肪積存的程度，從而評估個人的患病風險。

對於一般亞洲成年人而言，如果你的腰圍尺吋相等於或超出以下的水平，你將被界定為中央肥胖。

性別	腰圍
男	90 厘米或以上（約 35.5 吋）
女	80 厘米或以上（約 31.5 吋）

換算貼士：1 厘米 =0.394 吋

教你如何量度

1. 將放於腰間的物件（如皮帶、錢包或手提電話）移走。
2. 保持自然呼吸，在呼氣時將量度尺準確地套於腰部外圍。
3. 量度位置以最後一條肋骨底部邊緣與髂骨頂部的中間水平線為準。
4. 避免擠壓腹部組織，以厘米作記錄單位。

體脂比例

　　人體脂肪和體重的百分比，正常人體中約有 1/4 是由皮下及內臟脂肪組成，負責維持器官穩定及保護內臟等功能。一般而言，成年男性體脂肪率超過 25%，成年女性超過 30% 即是肥胖；而男性體脂率介乎 15-25%，女性體脂率介乎 20-30% 則為正常值，確切的數據會因年齡而有所差別，年齡愈大體脂率通常愈高。有些人的體重在標準範圍內，但還有微胖感，就是體脂肪過高的緣故。

香港的肥胖人口

　　根據香港衞生署於 2017 年 11 月發佈的「香港人口健康調查」，全港 15 至 84 歲人士當中，逾半人出現最少一項「三高」病徵。

　　「人口健康調查」為全港最大型的全民調查之一，最近一次調查於 2014 年 12 月至 2016 年 8 月進行，並有 12,022 名年滿 15 歲或以上人士參與。其中 2,347 名介乎 15 至 84 歲的參加者接受身體檢查。對上一次同類調查已是相隔多年的 2003-2004 年度。

下圖為按性別和年齡組別劃分介乎年齡 15 至 84 歲非住院人士，根據體重指標定義屬超重和肥胖，以及根據腰圍比例而被界定為中央肥胖的比率：

年齡組別	男性		女性		總計	
	BMI≥23	腰圍 ≥90cm	BMI≥23	腰圍 ≥80cm	BMI≥23	腰圍*
15 至 24 歲	26.1%	8.5%	21.9%	16.8%	24.1%	12.6%
25 至 34 歲	49.3%	22.6%	26.4%	24.1%	37.3%	23.4%
35 至 44 歲	60.7%	30.8%	40.5%	33.9%	49.6%	32.5%
45 至 54 歲	73.2%	42.4%	52.7%	46.3%	62.2%	44.5%
55 至 64 歲	63.5%	36.7%	51.6%	59.9%	57.5%	48.4%
65 至 84 歲	61.3%	41.0%	62.7%	61.0%	62.0%	51.2%
整體	57.0%	31.2%	43.6%	41.3%	50.0%	36.5%

*男：腰圍 ≥90cm；女：腰圍 ≥80cm

資料來源：香港特別行政區政府衛生署（2017）。*2014-2015 年度人口健康調查報告書。*

肥胖人口的健康問題

根據上述大型健康調查，年齡介乎 15 至 84 歲人士中，約五成屬超重或肥胖；患高血壓、糖尿病和高膽固醇血症其中一種或以上的比率為 59.2%。

調查顯示，約 86.3% 市民日常膳食攝取鹽的量超出世界衛生組織標準；進食蔬果不足的比率達 94.4%；飲酒比率也由首次調查的 33.3% 大幅增至 61.4%，揭示市民生活習慣普遍不健康，

同時忽略攝取足夠膳食纖維及缺乏運動。

　　一些主要非傳染病，如超重或肥胖（50%）、高血壓（27.7%）、糖尿病（8.4%）、高膽固醇血症（49.5%）在香港人口中相當普遍，是造成心血管疾病和癌症等慢性疾病的風險因素。

　　調查更預測，年齡介乎 30 至 74 歲人士，未來十年患上心血管疾病的平均風險為 10.6%。而上述多項健康風險很多時是沒有病徵及先兆，可殺人一個措手不及。加上隨着社會肥胖問題年輕化，我們必須及時調整飲食習慣，減低患上因肥胖而帶來疾病之機會。

肥胖的原因

　　肥胖有很多原因，一般常見的是家族遺傳、飲食習慣、缺乏運動所致，加上近年生活模式改變，電子產品大大方便了我們的生活，但同時使我們的活動量減少，例如：洗碗碟機、抹地機等，大大方便了不少家庭，然而卻減少了繁忙都市人活動的機會；手機之興起也使不少年青人多了靜態娛樂，少了到球場或戶外運動，故此，近年肥胖也有年輕化的趨勢。

肥胖引發的健康問題

　　肥胖會加重身體多個器官的負荷，引致許多疾病，甚至縮短壽命。令人憂慮的是，即使體重指標還未達到很高水平，脂肪囤積已開始影響我們身體的健康。

　　世界衛生組織報告指出，肥胖人士相對於正常體重人士，會增加患上以下疾病的風險：

超過 3 倍

◎ 睡眠窒息症
◎ 血脂水平異常（膽固醇過高聚積於血管內壁，令血管變窄，增加患上冠心病及中風的風險）
◎ 膽囊疾病
◎ 二型糖尿病
◎ 代謝綜合症

超過 2-3 倍

◎ 冠心病
◎ 高血壓（可誘發多種疾病，如心臟病、中風）
◎ 骨關節炎
◎ 高尿酸血症
◎ 痛風

超過 1-2 倍

◎ 增加麻醉風險
◎ 腰背痛
◎ 多囊卵巢症
◎ 生育能力受損
◎ 癌症（停經後婦女所患的乳癌、子宮內膜癌、結腸癌）
◎ 生殖激素異常

參考資料：World Health Organization, WHO（1998）*Obesity: Preventing and Managing the Global Epidemic*. Report of a WHO Consultation on Obesity, Geneva.

　　由此可見，肥胖帶來的健康問題實在不容忽視，我們需正視問題、找出原因、尋找一些有效而適合自己能持之而行的減重方法，培養健康的生活態度。

1.2
坊間的減肥法

坊間一直有不少減肥方法，每個減肥方法背後總有其理論支持，成效也因人而異，沒有絕對的對錯，最重要是諮詢家庭醫生之意見，選擇一個健康又適合自己的方法，以下是一些較常見之減肥方法。

物理方法

運動

透過運動消耗體內的卡路里及脂肪，常見的高效消脂運動包括游泳、跑步、跳繩、跑樓梯。

近年，我喜歡行夜山，消脂兼有另類體會。

針灸

中醫普遍認為脾胃功能不全，容易引致濕濁、痰瘀等停聚體內引致肥胖。傳統針灸減肥的原理在於抑制食慾、調節身體新陳代謝，進而分解脂肪並調正內分泌系統。

減肥藥

通常由醫生處方，藥物會令人降低食慾，透過中樞神經產生飽腹感。這類藥物通常有利尿、瀉藥成分，透過增加排泄量而減重。此外，當中常見的成分奧利司他（Orlistat）有抑制脂肪，不被身體正常吸收之作用。

飲食方法

水煮法

又稱白焓，換言之是將所有食物透過蒸或焓的方法處理。一直以來，不少人會聯想到「油等於肥」，油分會增加脂肪，減肥人士聽到「油」字更聞風喪膽，避之則吉。

西柚法

西柚減肥法是一套每天幫你搭配好的餐單，在每餐之中加入半個西柚。在午餐及晚餐中除了西柚，可隨意進食指定餐單上的食物至飽肚為止。這個餐單要連續吃 12 日，再停 2 日。如有需要再重複吃 12 日，再停 2 日，以此類推。

此方法之瘦身原理是透過不讓身體攝入糖分，進而促使燃燒儲存的糖分和脂肪。加上西柚的維他命和膳食纖維的含量比較豐富，容易產生飽腹感，減少食慾。而且西柚本身的熱量極低，其豐富的果酸能夠刺激胃腸黏膜，幫助抑制亢性食慾。

168 斷食法

168 斷食法是每天只在早上至中午的 8 小時內進食，其餘的 16 小時只飲用零卡路里飲料，如水、茶或齋啡。換句話來說，每天留有更長的空腹時間，讓身體有足夠時間燃燒脂肪，提高新陳代謝，以及增加胰島素敏感度。

人體的熱量來源自碳水化合物、脂肪及蛋白質，有些減重方法較講究此三個元素配搭，例如：

地中海飲食法

地中海飲食法始於 60 年代，源於居住在地中海沿岸國家，如意大利、西班牙、希臘等。地中海飲食法主張大量攝取蔬果、天然穀物（尤以全麥為佳）、堅果、豆類、食用優質油分（如橄

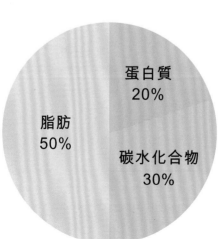

地中海飲食法的食物比重

欖油），少吃紅肉，配搭適量的海鮮魚肉、雞肉、芝士、乳酪、香草，也可適量飲用紅酒。

生酮飲食

生酮飲食是一種非常嚴格限制醣類的方法，運用高脂肪、極低醣類的飲食模式，當飲食中沒有攝取醣類，人體血糖降低無法供給足夠能量時，為了減少組織蛋白質被消耗，身體會分解脂肪產生脂肪酸（Fatty acid），能源系統從原本使用葡萄糖轉換為使用酮體（Ketone bodies）作為能量來源，因此可達到快速減脂的效果。

由於醣類食物被嚴格限制，建議避免進食澱粉類食物、水果、奶類，只能吃蔬菜、魚肉、蛋類、油脂、堅果。

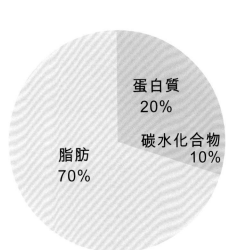

生酮飲食的食物比重

低醣飲食

低醣飲食中的「醣」並非「糖」,「醣」指的是碳水化合物數值扣除膳食纖維後,獲得的淨碳水化合物含量,低醣飲食是以攝取少量的碳水化合物來達到減脂效果。

「醣」是所有產糖食物的統稱,註冊營養師林思為建議採用低醣飲食一般攝取碳水化合物之含量減少至 25-45%,蛋白質 20-30% 及脂肪 35-45%。

減醣不是只減少吃澱粉質,實際上水果、蔬菜、豆類、奶類等大多含有醣分。麵包、糕點就更不用說了,除了含精製澱粉外,還加了許多精製糖,自然令醣分更高。體內的醣分要先代謝才會消耗脂肪,所以減少醣分攝取的話,體內才會快速代謝醣分,然後消滅脂肪,所以減醣可以達到體脂降低的原因就在這裏。

低醣飲食的食物比重

蛋白質 20-30%
脂肪 35-45%
碳水化合物 25-45%

熱門飲食減肥法之比較

近年，「地中海飲食法」、「生酮飲食」、「低醣飲食」均大受歡迎，我們可以參考下圖之比較：

減重方法	原理	特點
地中海飲食法	富含抗氧化物、維他命、纖維，熱量大多來自單元及多元不飽和脂肪，飽和脂肪攝取少。	配以香草、海鮮、白肉及紅酒。
生酮飲食	高脂肪、極低醣，使身體模擬肌餓狀態，逼使身體從原本使用葡萄糖轉換為使用酮體（Ketone bodies）作為能量來源。	極低醣，嚴格控制碳水化合物之攝取量。
低醣飲食	攝取少量碳水化合物，以達到減脂的效果。	挑選優質油脂、原形澱粉質、適量纖維、優質蛋白質，減少精製糖，並需喝適量水分配合。

沒有一個飲食方法適合所有人，因為每個人的體質、飲食習慣、喜好、疾病史、用藥狀況等都不一樣，所以並沒有某種飲食絕對好或壞，只有適合與不適合的分別。我親身試過「低醣飲食法」而成功減重，往後的章節也會集中跟大家分享有關低醣飲食如何使我們塑造一個更健康的身體。

1.3
減肥的迷思及謬誤

近年資訊發達，都市人越來越着重自身的健康，但不少人對營養知識還是一知半解，未必能從飲食中改善體質。坊間也有不少減肥迷思，讓我們逐一拆解：

迷思一：只吃白焓食物？

事實上，水煮食物並非健康的減肥方法，脂肪一向令人感覺是導致肥胖的罪魁禍首，這種想法其實大錯特錯！脂肪跟蛋白質、碳水化合物一樣，屬重要的營養素，是身體活動的主要熱量來源。如果身體長期沒有吸收足夠油脂，會出現荷爾蒙失調、脂溶性維他命攝取不足、便秘等問題。

平日我也會行山，鍛煉健康體格。　　　　　　　　　　（攝影：陳羲廷）

迷思二：只節食完全不用做運動？

部分減肥方法的確不用做運動可達到減重效果，然而卻沒法透過單純節食塑造體型及鍛煉肌肉，如輔以運動是維持良好體態的最好方式之一。

迷思三：要謝絕聚會？

當了解如何聰明地選擇食物來配搭進食，基本上是不影響社交聚會的。選擇外食的種類跟分量的控制是重點，你懂得選擇便可。

迷思四：減肥藥有副作用？

的確，減肥藥必須按醫生指示才可服用，切忌自行胡亂購買食用。減肥藥普遍含有西布曲明、瀉藥、利尿劑及動物甲狀腺組織等成分。西布曲明會影響中樞神經，有助抑制食慾，惟該成分同時導致失眠、心悸、作嘔、便秘、口乾等副作用。部分胡亂服用減肥藥物更會中毒，病徵包括出現幻覺和妄想、頭暈、癲癇、甲狀腺功能異常、電解質失衡等。

迷思五：睡覺可減肥？

睡眠時，身體會釋放一種名為瘦體素（ghrelin）的化學物質，幫助控制食慾、增加熱量消耗，故此，睡眠質素在減肥過程中扮演重要的角色。但世上沒有免費的午餐，若不配以正確飲食，單靠睡眠是很難達到顯著的瘦身效果啊！

迷思六：每餐額外煮會加重負擔？

減重需持之以恆地去進行，故此一定要選擇一個適合自己日常生活的方法。若選對了方法，認識食物的配搭，所選食材基本上可與家人共享，準備得很輕鬆，不會加重日常的負擔。如覺加重了負擔，就得想想該方法是否適合你了！

迷思七：要完全戒掉澱粉質？

很多減肥人士聽到澱粉質就怕怕！其實，澱粉質有優質澱粉和精製澱粉之分。適量攝取優質澱粉可以幫助大腦合成血清素，血清素可以穩定情緒、增強抗壓性，並避免因壓力造成的暴飲暴食。到底甚麼是優質澱粉和精製澱粉？稍後的章節會加以說明。

迷思八：素食者如何減肥？

素食者可透過多攝取植物性蛋白質替代肉類，菇類如冬菇、蘑菇，豆類如鷹咀豆、毛豆和豌豆也是很好的選擇。只要選對食物，素食者一樣可以減得健康！

迷思九：不能吃水果？

大部分水果含有果糖，很多減肥人士因而避免不吃。其實，只要選對水果，不要多吃升糖指數高的，水果能提供體內所需的維他命、礦物質、水分和纖維素，讓人產生飽足感。建議每天吃水果，像一個蘋果、橙，或一小杯莓果，都是很好的選擇。根據營養師建議，每天水果攝取量應為約拳頭大小的兩份。

迷思十：以代餐減肥？

現代人生活繁忙，代餐的出現的確能為不少忙碌一族、全職母親等等提供方便。有時需要外出不定時工作或照顧孩子忙得不開交時，偶爾來一個健康代餐替代一餐也是不錯的選擇。要注重的是首要學懂了解代餐的營養標籤，選擇營養成分較全面、低升糖的代餐，如有醫生認證就更為理想。除非有專業醫療指導或經診斷為有需要人士，否則切勿一日三餐以代餐替代。

第二章

甚麼是低醣
飲食法？

改善身體狀況的
飲食原理

2.1
碳水化合物致血糖上升？

近年，都市人較為注重健康，減肥不只是為了愛美。肥胖會加重身體各器官的工作量，可引發很多疾病，常見的會出現「三高」（血脂高、血壓高、血糖高）、糖尿病、心血管問題、骨關節炎、痛風或睡眠窒息症等。

一般情況下，體脂太高都是由不注重飲食而引起，偏重外食，常進食高油、高熱量食物、街頭小食零食等，再加上日常攝取過多醣，積聚多了會轉化為脂肪。

要知道供應人體熱量來源是來自碳水化合物、蛋白質及脂肪。當中只有碳水化合物會導致血糖上升，引致肥胖。身體內的碳水化合物要先代謝才會消耗脂肪，所以減醣能夠降低身體脂肪的關鍵就是這個原因。

甚麼是醣？

到底甚麼是「醣」？不是「糖」嗎？「醣」與「糖」其實是不同的！

「醣」—— 產糖食物的總稱，即「碳水化合物」」，當中包含纖維、多醣、寡醣、單醣、雙醣，進食時不一定吃到甜味（如粥粉麵飯、根莖類蔬菜、粟米、南瓜等澱粉類都是碳水化合物），吃進身體後經過分解轉化成葡萄糖，產生能量供人體所需。由於「膳食纖維」是難以完全被消化酶消化的多醣類，可增加血糖的幅度不高，加上水溶性纖維會阻礙碳水化合物消化與吸收；因此

碳水化合物數值扣除不被人體吸收的膳食纖維後，獲得的淨碳水化合物含量就是「醣」。

「糖」——帶有甜味，吃起來甜甜的，例如砂糖、果糖、葡萄糖、蔗糖等。

醣類知多點

多醣	粥、粉、麵、飯等。
寡醣	多來自豆類等。
單醣	葡萄糖、果糖、半乳糖等。
雙醣	蔗糖、乳糖等。

*需要留意的是，半乳糖或乳糖如低脂奶，甜味雖少，但同樣屬於醣類。

食物主要分為六大類別，包括五穀及根莖類、水果類；蔬菜類；奶類及奶製品類；魚、肉、蛋及豆類；油脂及堅果種子類等。前四類有醣類的存在，範圍非常廣泛。

根莖類的番薯含豐富醣分。

六大類食物醣分概略分佈

食物類別　　　　　　　　　**醣分**

油脂及堅果種子類　　油脂：0g　　堅果種子：4-30g

魚肉蛋及豆類　　豆類：4-60g　海鮮：0-2g
　　　　　　　　肉類：0-2g　　蛋類：1-2g

奶類及奶製品類　　奶類：4-6g　　乳製品：0.2-8g

蔬菜類　　綠葉菜：1-3g 黑色：2-14g
　　　　　白色：0-8g　紅黃紫色：2-6g

水果類　　高醣分，
　　　　　每天宜攝取拳頭大小分量兩份

五穀根莖類　　高醣分，
　　　　　　　建議攝取原形澱粉為主

註：食物單位以 100g 或 100ml 及原形未經烹煮的情況下略算。

2.2
低醣飲食的由來

「低醣飲食」（同時廣泛地被稱作「低碳飲食」）是由美國一位阿特金斯（Robert Atkins）醫生，他在 1972 年撰寫的《阿特金斯醫生的新飲食革命》首次提出，這個飲食法可以不用捱餓能有效達到減肥效果，並可減少罹患因血糖問題而引發的疾病。

低醣飲食法是甚麼？

「低醣飲食」是減少食物中碳水化合物攝取量的飲食形態，又被稱為「低碳飲食」。一般人飲食中的碳水化合物比例超過 50%，低醣飲食的飲食比例把碳水化合物（醣類）控制在 25-45% 左右，蛋白質在 20-30%，其餘才是脂肪。

以下是每日熱量所需人士的低醣飲食碳水化合物建議量。
（每人身體所需不同，可先諮詢醫生或營養師）

每日熱量所需	低醣飲食碳水化合物（每日建議攝取量）
2,000 卡	不多於 130 克
1,500 卡	不多於 100 克
1,300 卡	不多於 85 克

低醣飲食法的原理

　　「低醣飲食」其實是透過降低碳水化合物的攝取量，燃燒體內的脂肪儲備，達到高效的減重效果。

　　當碳水化合物的攝取量降低時，蛋白質和脂肪的攝取量便會相對升高，而足夠蛋白質和脂肪能提供飽腹感之餘，亦會令血糖水平較為穩定，從而減少因低血糖而帶來的飢餓感覺，減少進食分量，令吸收的總熱量減少。

　　當碳水化合物攝取量低時，血液中胰島素的運行穩定，身體囤積脂肪的速度同時減低。當身體脂肪減少而配合健康飲食，可減少患上因肥胖而引致的疾病。

如何進行？

　　「低醣飲食法」的好處是只要懂得食物之配搭，配合攝取適量水分，日常可以正常調味處理食物，不用捱餓不用忍口，保持心情在輕鬆的狀態下進行。而我為大家設計的——「低醣飲食落磅計劃」是一個為期 3 個週期（Cycle）的體重管理計劃，每星期設有一天「開放日」（Open Day），可

放心吃平常不適用於減醣日的 Wish List 食物，目的是令身心能夠保持在輕鬆愉快的狀態下，體驗整個變身旅程。

　　每個週期為 8 星期，每週期完成後享受 2 星期的「開放週」（Open Week），整個減重計劃目標，設定持續 9 個月至一年為之理想。隨後可隨習慣或喜好繼續維持低醣飲食模式，期間可自由選擇週期 1、2、3 之做法。

低醣飲食法的好處

生理方面：

食出易瘦體質

當了解低醣飲食概念後，身體新陳代謝的能力變好，故在很短時間內已看到令人鼓舞的成績，落磅後也可輕鬆透過飲食維持身材，也沒有身形反彈的壓力。當你掌握了整套飲食概念，就算偶爾吃多增磅了，也可在眨眼間減回來！

減少罹患高血糖引致的疾病機會

減少攝取醣分使身體血糖穩定下來，因而減少患上三高的機會，同時有機會減少因三高而容易引致的疾病，如心臟病、心血管病、二型糖尿病等。此外，已有多項研究發現，精製澱粉和糖分含量較高的飲食，會造成人體自由基的損傷，助長癌細胞的生長，故低醣飲食同時有機會減少患上癌症的風險。

體力及精神得以改善

常言道「飯氣攻心」，很多人吃飯後都會感到昏昏欲睡。由於高醣飲食令血糖飆升，故此容易令人感到疲倦。低醣飲食因血糖穩定，故此不易感到疲倦或嗜睡，精神也較之前飽滿。

減少過敏機會及改善炎症

穩定的血糖讓身體的免疫力正常調節，減少過敏機會，也因免疫力提升了，身體的炎症也會得以改善。

皮膚變得水亮

由於低醣飲食令血液變得清澈及暢通，代謝能力提升，加上配合攝取足夠水分，令皮膚得到充足滋養，變得水亮潤澤。

腸道變得暢通

低醣飲食配合攝取適量纖維及水分，有效地減少消化道壞菌的產生，讓腸胃症狀獲得紓解。

心靈方面：

回復自信　找回自己

很多人因身形問題而感到自卑和迷失，做事提不起勁，當透過低醣飲食輕鬆落磅，成功變瘦後，都會回復自信，找回自己的價值。

情緒穩定　不易焦躁

低醣飲食主張吃得飽，吃得好！同時着重攝取優質蛋白質、膳食纖維及優質油脂，是營養均衡的飲食之一；由於好好吃飽，不用捱餓，這正是希望減肥人士的福音，能夠輕易持久地進行，也不用擔心容易反彈的問題，讓減肥人士可以輕鬆進行，情緒也較穩定！此外，低血糖也會讓快樂荷爾蒙多巴胺分泌增加，讓人不易感到焦躁抑鬱。

我是否適合減醣？

每個人的體質、狀態、病史不同，千萬別盲目跟從，必須了解自己的身體狀況及諮詢醫生意見才可進行。

一般而言，中低級活動量的人士，每日醣分攝取建議量為 50 至 100 克，減重者則每餐大約攝取 20 克醣分，為維持身體所需，全日不要低於 50 克的攝醣量（大約是一個飯碗的平碗分量）。

若然是健身者、運動量較大的運動員，運動前後需要適度攝取醣分及蛋白質作為熱量來源，以避免肌肉損傷；所以請按個人狀況而調整及尋求專業教練及營養師之意見。

不適合減醣的人士

懷孕及哺乳中的婦女

雖然血糖會影響懷孕的婦女,有機會患上妊娠糖尿病,但懷孕及哺乳期的婦女,甚至胎兒及嬰兒也需要充足的養分。的而且確,碳水化合物是分泌乳汁的重要元素,若減醣而令泌乳減少,嬰兒不能透過母乳飽足,母體也有可能因血糖低而暈眩不適。孕婦或餵哺中婦女可參考書中的食物建議,多選營養豐富的配搭對健康也有幫助。

我當時也是完成餵哺母乳才實行低醣飲食落磅計劃,好好享受及完成餵哺的使命才開始吧!如害怕患上妊娠糖尿,可諮詢營養師之意見。

血糖不穩或糖尿病患者

糖尿病患者需注射胰島素或服用降血糖藥物,為了避免血糖過低,請務必諮詢醫生及營養師之建議。

其他特殊病患者

如不清楚本身疾病是否適合進行低醣飲食,為免身體出現任何狀況,請先諮詢醫生及營養師之建議。

開展體重管理第一步(Checklist)
1. 大水樽 1 個
2. 體脂磅 1 個
3. 圓形餐碟 1 隻(大小能夠滿足你的食量)

實行低醣飲食小貼士

- 若個人意志力不夠堅定，請避免於長假期前夕開始，以免節日氣氛令低醣習慣難以維持。

- 若是無澱粉質不歡者，初嘗低醣飲食時，身體因未習慣缺少碳水化合物的吸收，可能導致難以集中精神，有昏昏欲睡、便秘、暈眩和疲勞等症狀。假如知道未來的日子工作很忙碌，或是需要體力勞動，可延後開始低醣生活的時間表。

- 粥粉麵飯於華人社會始終是主食，跟家人、同事、朋友分享理念，讓他們明白你是追求健康而調整飲食習慣。堅持用身體力行的方式愈證明給他們看，當大家見你愈來愈健美，他們的質疑聲音會漸漸消失，甚至會加入你的低醣行列！

當身心都準備好了，可於下一章節參考我如何實行低醣飲食落磅計劃。

第三章

你得我得
落磅計劃

決心實踐低醣飲食

3.1
我的心路歷程

2018 年 7 月，幼女兒出世後，我忙於坐月及照顧兩名兒子，加上一心為了提供足夠奶量餵哺女兒，所以一直沒有想過減肥。

直至女兒 1 歲多，有一天跟她玩耍時，發現腰間贅肉真的長了不少，身形圓碌碌的，體重當時約 138 磅。作為母親總希望陪伴兒女多一點時間，見證他們的人生大事，想陪伴他們更長時間，一定先要有健康的體魄。加上當時臨近 9 月，兒子們即將開學，女兒進食固體情況理想，對母乳需求減少，我作為媽媽也希望踏入一個新的里程碑，也趁自己還有能力籌謀的時候為健康努力，於是立下決心於 2019 年 9 月 1 日開始進行減肥計劃，挑戰自己。

第 2 階段：確立落磅方法

初入行時，對瘦身沒有深究，曾試過白焓減肥法，走油走調味，外出用膳更要用水把所有食物沖洗一遍才吃，當時是很快、很順利減到磅，但食之無味，精神心情兩不滿足，身心同樣不會健康。

現在我學懂為健康出發必需是首要考量；其次是作為母親及妻子，一定要方便自己，不用經常額外準備昂貴或稀有食材；最後當然最最最最重要的就是「建立可持續習慣」。減肥不會是一朝一夕就要做到的事，如方法難以持續或反彈復胖，絕對只會浪費心血，於是我努力鑽研不同食譜和瘦身書籍，也諮詢不同醫生和營養師的意見，整合出一套「你得我得低醣飲食落磅計劃」。

第 3 階段：
決心執行計劃，成功減掉約 30 磅

在確立進行「低醣飲食落磅計劃」後，我開始留意食物的配搭，人體熱量來源自碳水化合物、蛋白質及脂肪。我每天限制攝醣量，把碳水化合物限制在 20% 內。低醣飲食法最吸引之處是，只要懂得聰明地攝取食物，避免進食精製的澱粉質，每一餐都可正常地調味，吃得很快樂飽足，不用捱餓。

於開始減肥 1 個月後，即 2019 年 10 月，我已很快地穿回窄身高腰裙，但當時體型仍有些圓潤，於是再努力 1 個月，於 2019 年 12 月隨電視台到峇里外景，已經成功減掉 12 kg，可穿加細碼衣服，並以約 105 磅成功變回以前出鏡的模樣。

第 4 階段：
融會貫通，不用刻意計算攝醣量

在開始進行低醣飲食法約一至兩星期，慢慢能大致憑目測所吃的食物分量知道是否符合標準及飽足，不用刻意計算攝醣量。正如我之前所說，可持續性是非常重要，你不可能每天帶着食物磅外出，秤量過才把食物放進嘴裏，不要為自己加添壓力，不費心神才有辦法落實在生活中，切忌因改變飲食方法令自己弄至精神緊張，否則沒辦法快樂地進行，也只會缺乏動力繼續堅持下去。

第 5 階段：維持體態，輔以運動

當開始了低醣飲食不久已見到成績後，我更加相信食物多元化、營養足夠是非常重要。現在的我，並不追求繼續跌磅，只希望透過這個飲食方法令自己可飽足地維持現有的體態，並輔以運動來塑造身體線條，令肌肉結實，身體保持健康，有強壯的體魄迎接未來的挑戰。

第 6 階段：
成功落磅，你得我得，放鬆不放縱

改變飲食方法不等於限制飲食，沒有東西是一定不可吃的，不要因為不小心吃了一點高醣食物而緊張兮兮，或自暴自棄選擇放棄，減磅是一場長久戰，可於翌日重新調整餐單就可以了，不要強給自己太大壓力。

於疫情前，我和朋友會定期聚餐，也會和家人出國外旅遊，我會放鬆心情去吃，給自己多點彈性，避免設立過多限制，不要因為減重而影響社交及家庭生活，管理自己之後上磅的期望，調整接下來所吃的東西便可以了。

「放鬆不放縱」是我訂立「你得我得低醣飲食落磅計劃」的格言之一，相信你保持輕鬆心情，也可找到自己減重的步伐，成功落磅！我得！你都得！

今天起，為了自己的健康，一起開始低醣生活，加入「你得我得低醣飲食落磅計劃」吧！

f「你得我得行動組 by Skye」

3.2
你得我得低醣飲食
落磅計劃

每個人體質、生活習慣、病史不同，故建議先諮詢醫生及營養師意見是否適合才選用此方法。

低醣飲食概念

　　我主張的方法並沒有食物是完全不能吃，只要懂得選擇食物，多吃原形食物，減少進食高醣、加工食品，你也很快感受到身體的變化。

　　就像常常有人說，低醣飲食不應吃香蕉；說真的，香蕉的熱量及升糖指數比較下較高，但其實香蕉是非常有益的水果，只要吃對比例，好好規劃一天的膳食就照樣可以吃。

　　香蕉含有豐富的鉀、纖維、維他命 C、B$_6$ 及抗氧化劑，同時含有色胺酸，幫助人放鬆情緒，適量攝取使人心情愉快。

　　我自己在減磅期間也保持每天吃兩份拳頭大小分量的水果，我會輪流吃不同的水果，低升糖的種類當然更理想。

健康落磅的重點應放在整體飲食配搭和運動上，不要花心神跟某一樣水果或食物斤斤計較。

　　如果你喜歡吃香蕉，不必為了減重而放棄它，它不會打亂你的減肥計劃。單吃一種食物不會導致體重增加；就像單單吃一種食物不會達到減肥效果一樣。

　　只要大家明白整套飲食概念，就像銀包每日有 $200 可使用，你如何使用這 $200 於一日三餐才最划算呢？這沒有標準答案，人人的價值觀不同，這也正是「你得我得落磅計劃」較人性化的地方，總之記着**「健康食！輕鬆減！飽住瘦！」**。

我每天堅持吃兩份拳頭大小分量的不同水果，達致均衡的營養。

我的十大低醣飲食原則

1. 保持輕鬆的心情，不要抱有壓力，放鬆不放縱

　　減肥不是一朝一夕的事，故不要給自己太大壓力。整個落磅計劃並沒有固定餐單，只要認識食物的配搭，可輕鬆進行。每週應給自己一天 Open Day（開放日），讓身心都有調整空間，休息過後再走更遠的路。

2. 不要捱餓，每餐（尤其午餐）要吃得飽

　　每餐吃得飽足才可持久地堅持下去，身體才會更健康。午餐尤為重要，如果午餐的食物配搭及分量吃得正確，有效減少晚餐的飢餓感。晚上的消化時間較短，如午餐吃得飽足，晚餐只吃蔬菜及適量蛋白質也不會於睡前感到飢餓。

3. 營養均衡，食材多元化

　　注意營養，避免重複吃單一的食物及短期內進取地減少進食分量；另外，過度偏吃某些食物也會令身體營養不足。

4. 多吃原形食物

　　原形食物是指那些可直接看得到食物未加工的原貌，如蔬菜、原塊肉類等，這些不用標示成分，也大概知道其來源，這種食物並沒有經過外物的添加或揉合來改變形態。

5. 攝取優質油分或脂肪

很多減肥人士聽到「油」及「脂肪」就避之則吉，脂肪是身體製造荷爾蒙的重要元素，若油脂攝取不足，可能導致女性荷爾蒙失調；油脂可促進維他命 A、D、E、K 吸收。另外，維他命 A 和免疫力有關；維他命 D 可促進鈣質吸收；維他命 E 有助抗氧化；維他命 K 的功能是合成、活化凝血機制。若長期油脂攝取不足，使這些脂溶性維他命不能好好被吸收，可能導致免疫失調、鈣質吸收不足等，故我們需挑選一些優質脂肪如天然的油脂，包括堅果、奇亞籽、亞麻籽、橄欖油、雞蛋、肉類脂肪等，相反，反式脂肪則應避免。

6. 進食適量纖維

鼓勵大家增加每日綠葉蔬菜（如羽衣甘藍、菜心、小棠菜等），以及其他顏色的蔬菜（如三色甜椒、茄子、菇菌類等）的進食量。

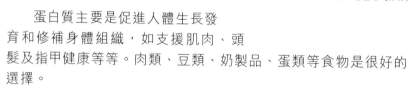

堅果及牛油果是優質的油分。

7. 攝取優質蛋白質

蛋白質主要是促進人體生長發育和修補身體組織，如支援肌肉、頭髮及指甲健康等等。肉類、豆類、奶製品、蛋類等食物是很好的選擇。

8. 選擇優質澱粉，盡量避免攝取精製澱粉

我必須強調，低醣飲食並不是戒掉所有澱粉質，然而我們必須聰明地選取優質不經加工的澱粉，如原形五穀根莖類、藜麥、糙米、南瓜、番薯、蘿蔔、馬鈴薯也是好的選擇。至於經加工的精製澱粉如白米、米粉、麵條、麥片等可減少進食。

9. 避免進食精製糖

精製糖指的是非食物本身的天然糖分，而是以加工方式精製的加工糖，因製煉條件或程度不同分為白砂糖、黃砂糖、冰糖、黑糖、紅糖、粟米糖漿等。故此，日常我們應避免吃過多坊間選用精製糖製作的麵包、蛋糕及糖果零食等。

10. 攝取足夠水分

每天必須攝取足夠水分，水可促進身體新陳代謝，有助排毒減重、改善便秘。

何謂足夠水分？本書方法會按個人體重（kg）×40來計算，舉例來說：如體重是65kg，建議每天攝水量為65×40=2,600ml（毫升）。

低醣低碳飲食，吃出易瘦體質

看過以上的初步說明，相信大家逐步了解低醣飲食的精髓所在，只要做到以下各點，可吃出易瘦體質：

代謝 > 吸收 = 易瘦

☐ **低升糖指數飲食（Low GI / Glycemic Index）**

- 胰島素分泌穩定。
- 血糖波動幅度少。
- 穩定血糖比較有飽足感。
- 能量不易被儲成脂肪。

☐ **低碳飲食（Low Carbohydrates）**

- 避免吸收精製澱粉質。
- 攝取原形食物的澱粉質。
- 每天攝取約 25-45% 碳水化合物。
- 注意攝取優質蛋白質。

加入「你得我得行動組」

減重，是一件非常孤單的事，尤其對新手朋友開始的時候，會有很多迷惘的時候 —— 到底要怎樣吃？吃甚麼東西？分量怎樣才足夠？這正是我推行「你得我得落磅計劃」之目的。

透過加入 Facebook 群組「你得我得行動組」，把你所吃的一日三餐拍照記錄下來，並上傳至群組，讓其他已成功減重的師姐們可正確判斷並為你提供協助，給你餐單上的建議，也給你鼓勵打氣，一直在減重的路上陪着你。

同路人的支持十分重要！你可於群組內看到其他成功的個案，有些朋友依着我的方法實行，令三高及炎症等問題得到改善，她們的分享就是你給自己改變飲食模式的一支強心針！

以下是組員的飲食記錄示範，大家藉此互勵互勉。

#0000 組員 XXX

Check-in：✽月✽日（Day✽）

昨天早上空腹體重：✽✽ kg

今天早上空腹體重：✽✽ kg

相差體重：✽ kg

由開始到目前累計減重：✽ kg

餐飲記錄：

1 早餐：

2 上午茶：

3 午餐：

4 下午茶：

5 晚餐：

飲水量：

運動量：

便便次數：

晚上睡覺時間：例：11時半

你得我得行動組 by Skye

3.3
如何實行你得我得
低醣飲食落磅計劃？

「低醣飲食落磅計劃」每個週期為 8 星期，每週期完成後享
受 2 星期的「開放週」（Open Week），整個減重計劃目標
設定持續 9 個月至一年為之理想。隨後可隨習慣或喜好繼續
維持低醣飲食模式，期間可自由選擇週期 1、2、3 之做法。

餐碟示範

　　要學習及適應新的飲食模式，非常鼓勵大家準備一隻圓餐
碟，方便新手入門者感受食物的分量及配搭。每日定時定量進
食，可促進消化和代謝能力。

　　午餐是這個低醣飲食法的重點，一定要吃得非常豐富，建議
新手者可每天使用同一個圓碟進餐，餐碟的大小以能吃得飽足為
準，實行一至兩星期後，能慢慢領略何謂足夠分量的技巧。

　　在詳細說明之前，先了解整個飲食方法主要是分為 4 大類食
物，為了方便繁忙的都市人透過目測知道所吃的分量是否足夠，
右圖的圓形可視作餐碟，無論在家自煮或外出用餐，建議以此餐
碟作為配搭參考。

低醣飲食落磅計劃四大類食物

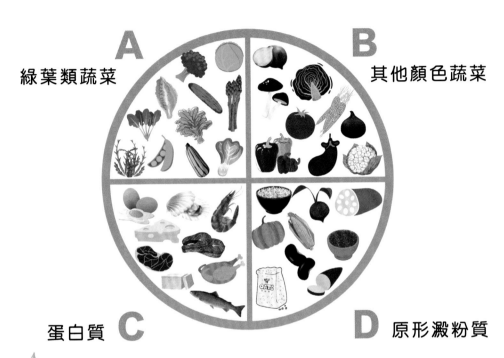

A 綠葉類蔬菜

B 其他顏色蔬菜

C 蛋白質

D 原形澱粉質

綠葉類蔬菜

低醣分，含豐富纖維素，需要適量攝取增加飽肚感，目測約 2 隻手掌攤平的分量或更多。

A	Weeks 1-8	可吃
	Weeks 1、2、5、6	佔 50%
	Weeks 3、4、7、8	佔 25%

其他顏色蔬菜

醣分相對綠葉類蔬菜高，可吃。
目測約 1 隻手掌的分量。

B

Weeks 1-8	可吃
Weeks 1、2、5、6	佔 10%
Weeks 3、4、7、8	佔 25%

蛋白質

以肉、魚、海鮮、雞蛋、豆類為主，
目測約 1 隻手掌攤平的分量。

C

Weeks 1-8	可吃
Weeks 1、2、5、6	佔 40%
Weeks 3、4、7、8	佔 25%

原形澱粉質

五穀、根莖類容易被消化及吸收，能促進脂肪代謝。
目測約 1 隻手掌攤平的分量，因含有澱粉質，
故建議放在用餐次序最後才吃。

D

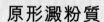

Weeks 3、4、7、8	可吃
Weeks 1、2、5、6	佔 0%
Weeks 3、4、7、8	佔 25%

如何開始實行？

第 1 個週期（Cycle 1：Weeks 1-8）

飲食方法：每週6天減醣日＋1天開放日

每天進食5餐，包括早餐、上午茶、午餐、下午茶、晚餐

入門建議：

- 上午茶及下午茶為協助初試者適應暫別澱粉質之心靈慰藉，保持口腔有點忙碌的感覺，並非必需的，如不特別感到肚餓，可以一日三餐已足夠。
- 晚餐可吃烚菜或炒菜，蔬菜分量不限，宜於晚上 7 時前完成進食，給身體足夠時間消化。
- 改變飲食習慣非人人能即時適應，如初期不習慣晚餐只吃蔬菜，可實行午餐的吃法，加少量肉類或 1 杯米奶消除飢餓感覺，待身體適應後再調整；老實說，個人經驗得出晚餐吃得愈清淡，落磅效果愈好。

怎樣吃：

✎ 第 1 及第 2 星期（只吃 A、B、C 三類食物）

- 先暫別所有澱粉質，讓身體先消耗儲存的能量及脂肪。
- 午餐攝取 50% 綠葉蔬菜；10% 其他顏色蔬菜；40% 蛋白質。

✎ 第 3 及第 4 星期（可吃 A、B、C、D 四類食物）

- 午餐攝取 25% 綠葉蔬菜；25% 其他顏色蔬菜；25% 蛋白質；25% 原形澱粉質。

✎ **第 5 及第 6 星期（只吃 A、B、C 三類食物）**

- 定期讓身體消耗儲備，重複第 1 及第 2 星期的吃法，再次暫別所有澱粉質兩星期。

✎ **第 7 及第 8 星期（可吃 A、B、C、D 四類食物）**

- 定期提醒身體適應醣分的吸收，以免日後體重反彈，可重複第 3 及第 4 星期的飲食方法。

第 1 週期新手餐單及進食時間參考

8am　早餐
奶類一杯加奇亞籽半茶匙、烚蛋一至兩隻、
小蘋果一個

10am　上午茶
青瓜、車厘茄

1pm　午餐

- 以優質蛋白質為主（肉類如雞扒、雞蛋、魚、豬、牛等）
- 進食大量綠葉蔬菜及其他蔬菜以增加飽腹感
- 如常用適量油煮食
- 素食者可以植物性蛋白質如豆類代替肉類

3pm　下午茶
堅果或水果

6pm　晚餐
蔬菜（烚菜或炒菜均可）

* 必須飲用足夠的水分。
** 水果每日可攝取約兩份拳頭大小的分量。

✎ 開放日（Open Day）

　　每週我會給自己一天「開放日」（Open Day），其餘 6 天均配合低醣飲食，並喝適量水分促進新陳代謝，有助排毒減重。

　　我於前一章也提及 Open Day 是必須的，能讓身體休息一下，讓身體儲存對醣分的記憶，以免日後不進行低醣飲食時反彈復胖，也可獎勵自己適當地放鬆一下，這個熱量刺激的過程，對衝破平台期也偶有幫助。

　　有很多人疑惑，究竟 Open Day 可以怎樣吃？

　　Open Day 甚麼也可以吃，當然大原則是放鬆不放縱，你可安排平日吃不到的火鍋、燒烤、放題，盡量不要安排於同一日報復式地吃；如果因節日或不能推卻的聚會同日進食多餐「違規」食物，不需給自己太大壓力，只要管理翌日上磅的期望，重新調整之後數天的餐單即可！

✎ 開放週（Open Week）

　　完成第 1 週期之 8 星期低醣飲食後，給自己 2 星期「開放週」（Open Week），原理跟 Open Day 一樣，讓自己輕鬆地休息一下。

我會相約朋友在 Open Day 或 Open Week 聚會，給自己輕鬆一下，
最重要是「放鬆不放縱」。

第 2 個週期（Cycle 2：Weeks 1-8）

飲食方法： 每週6天減醣日＋168斷食法＋
**　　　　　1天開放日**

每天進食3餐，包括早餐、午餐、晚餐

　　吃法與第 1 個週期相同，減掉上、下午茶，每天進食早、午、晚 3 餐，並開始嘗試 168 斷食法（即 16 小時空腹，並於 8 小時內完成早、午、晚三餐），讓身體有足夠時間消耗脂肪和代謝。

　　斷食與節食不同，只要餐單配搭正確，在不捱餓的情況下於 8 小時內進食兩餐／三餐，習慣了自然不餓不吃。切記不要怕胖而節制分量；若身體不飽足，減磅旅程是很難維持下去的，我可以肯定的告訴你，低醣飲食絕對是可以飽住落磅，不用捱不用忍！

　　完成第 2 週期之 8 星期低醣飲食及 168 斷食法後，同樣給自己 2 星期 Open Week，再迎接第 3 個週期。

　　如未能適應或情況不容許進行 168 斷食法，在 Open Week 後可重複進行第 1 週期，不用勉強自己。

以下人士需特別留意 168 斷食法是否適合自己的身體：

不建議實行之人士	必需諮詢醫生意見的人士
• 準備懷孕的婦女 • 懷孕期間的婦女 • 餵哺母乳人士 • 女性生理期間 • 工作需要體力勞動人士 • 壓力過大人士 • 青少年學生 • 長者	• 正在服藥人士 • 內分泌失調人士 • 糖尿病者 • 飲食失調症患者 • 長期病患者 • 慢性疾病者 • 有腸胃問題人士 • 胃炎人士 • 血壓高或血壓低人士 • 肝、腎功能障礙人士

我經常為自己預備非常豐富的早、午餐，不用捱餓！

168 斷食法的飲食指引

16 小時空腹期間：

- 可食用或飲用水、齋啡、蘋果醋、檸檬水、紅茶、綠茶、烏龍茶、花草茶、保健品及藥品等。
- 不宜進食或飲用含糖或卡路里食物及飲品。

8 小時進食期間：

- 記得多飲水。
- 參考食物建議圖表，吸收均衡多元化的豐富營養。

168 斷食法示意圖:

第 3 個週期（Cycle 3：Weeks 1-8）

飲食方法： 每週5天減醣日＋168斷食法＋
1天Green Day＋1天開放日

每天進食3餐，包括早餐、午餐、晚餐

進食方法與第 2 個週期相同，但於 Open Day 後增加 1 天為 Green Day（即全日三餐以 Morning Drink、水、齋啡、蔬菜湯、無糖茶代替）。

進階版 Cycle 3： Green Day 入門概念

✎ 延長燃燒脂肪的時間。

✎ 促進脂肪分解。

✎ 改善血糖與脂肪代謝。

✎ 調適身體有效地運化脂肪為能量。

✎ 提升抗壓力。

✎ 提升細胞抗氧化能力。

進階版 Cycle 3： Green Day 飲食重點

✎ 升級版挑戰，視為身體休息日。

✎ 待心情輕鬆當日才嘗試，可慢慢適應，不用心急。

✎ Green Day 的目標熱量攝取於 600-800 之間。

- 如不習慣或求飽肚，可隨時中斷並重複 Cycle 1 或 2，不用勉強。
- 全日以攝取液體為主：Morning Drink、水、齋啡、蔬菜湯、無糖茶。
- 水果維持每日兩份拳頭大小分量。
- 保持足夠的飲水量。
- 另可加入代餐或滴雞精。
- 每餐之間可飲青檸梳打水，增加飽腹感。

進階版 Cycle 3：Green Day 餐單建議

- **蔬菜清單**（此圖未能盡錄，可按自己喜好調整。除綠色蔬菜，也建議添加其他顏色蔬菜。）

| 西蘭花 | 青瓜 | 西芹 | 蘆筍 | 椰菜 |

| 椰菜花 | 生菜 | 大白菜 | 翠玉瓜 | 節瓜 |

✎ **水果清單**（此圖未能盡錄，可自行調整，維持每天兩份拳頭大
小的分量，也可細研 Low GI 低升糖水果。）

啤梨	橙	奇異果	藍莓
黑桑子	香蕉	桃	車厘子
檸檬	牛油果	哈密瓜	紅番石榴
西梅	士多啤梨	紅提子	蘋果

✎ 蔬菜湯做法

- 挑選低碳水化合物的蔬菜。
- 可酌加適量調味料。

✎ Morning Drink 入門做法

- 挑選 1 至 2 款蔬菜、1 份水果、原味或無糖奶類製品。
- 蔬菜洗淨後，建議用滾水快灼 1 分鐘，如趕時間或不便看火，水滾後熄火浸數分鐘，可去除蔬菜的青澀味，灼過的蔬菜更甜味，又不會太寒涼。

奶類製品或水

堅果類或種子類
（少許）

水果（30%）

蔬菜（70%）

豆類
（少許）

自選營養粉少許（如
芝麻粉、杏仁粉、
亞麻籽粉等）

* 為方便大家掌握 Morning Drink 的製作方法，第五章會提供更多 Morning Drink 的配搭組合以供參考。

　　完成第 3 週期，落磅磅數應已達到一個非常滿意的水平。如未能適應或情況不容許進行 168 斷食及 Green Day，可即時停止並重複進行第 1 週期，不應感到任何壓力。

我的經驗分享：

Cycle 3 進階限定

如掌握 168 斷食法及適應每週一天 Green Day 的飲食方式，自問有健康的心態，可試試「204 斷食法」或「231 斷食法」。

204 斷食法：即 20 小時空腹，將一日三餐安排於 4 小時內完成。

231 斷食法：是 23 小時空腹，全日只在 1 小時內進食一餐。

我於減醣 10 個月時，身體已經適應這個飲食模式，故開始嘗試「231 斷食法」。有些人聽到全日只用 1 小時吃一餐，會質疑是否足夠，以及其可能性。

我必須強調，這不是強制的模式，可以隨自己心態、生活習慣去調整，希望透過我的經驗讓人有更多選擇而已。以我為例：每星期我會維持一日 Open Day，並在 Open Day 跟家人吃火鍋、飲茶或吃 Pizza。

有時候，星期一想實行 Green Day，但因有很大工作量想吃得豐富些，我會以「231 斷食法」取代該週之 Green Day。

到底每日只吃一餐究竟要吃多少才飽足？

我覺得初期實行「231 斷食法」的一餐，可以在對的食物選擇範圍內進食 1 小時放題，再額外加添一款小甜品，鼓勵自己嘗試的決心。

第 3 週期：「231 斷食法」新手入門餐單參考

- 三色椒洋葱椰菜豆乾炒蒟蒻麵

- 蒜蓉炒菜心

- 薑黃煎雞扒

- 煎蛋兩隻

- 淮山杞子花膠雞湯

- 紅火龍果半個

- 甜品：瑞士卷一塊（有時加一條雪條或朱古力，但非必需，純粹偶爾滿足一下心理需要。）

- 齋啡一杯

- 全日水量 2,500ml

這個餐單吃得豐富，全日沒有飢餓感覺，翌日上磅減輕 0.7 kg。如大家身體合適，建議每週可用 Open Day 的翌日以「231 斷食法」跟 Green Day 交替進行，效果同樣理想。

至於進食時間方面，「231 斷食法」建議盡量安排於下午 3 時至 4 時，以免晚上覺得肚餓而心思思找東西吃。

如覺得沒信心或感到壓力，可以先嘗試「204 斷食法」，原理相同。記着！斷食不是必須的，可隨時中斷回復 Cycle 1 或 Cycle 2，切不要勉強自己。

進食次序之關鍵

很多讀者關心「低醣飲食落磅計劃」之進食次序會否影響減重效果。

我建議先吃蛋白質,接着吃適量纖維蔬菜,於第 3、4、7、8 週時最後階段才吃原形澱粉。如果仍然未飽足,可以再加添蔬菜的分量或少許堅果、無糖乳酪等。

如想吃點水果,建議在午餐後或下午茶進食,好處是在飽足的情況下避免吃得太多,也有足夠時間給身體消化。

整個「低醣飲食落磅計劃」的週期概念比較

各週期之要點	<ul><li>8 星期飲食模式。</li><li>第 1、2、5、6 週暫別所有澱粉質。</li><li>第 3、4、7、8 週加入原形澱粉。</li><li>一天 Open Day。</li><li>兩週 Open Week。</li><li>飲用足夠水分。</li><li>每天進食兩份拳頭分量之水果。</li></ul>	<ul><li>168 斷食法。</li><li>8 小時內完成早、午、晚三餐。</li><li>16 小時空腹。</li><li>空腹期間可如常飲水、無糖茶、齋啡。</li></ul>	<ul><li>Open Day 後一天訂為 Green Day。</li><li>早、午、晚三餐均以飲料代替,如 Morning Drink、蔬菜湯、無糖茶、齋啡。</li><li>身心健康者可嘗試「231 斷食法」,與 Green Day 交替進行。</li></ul>
Cycle 1 實行	✓	✗	✗
Cycle 2 實行	✓	✓	✗
Cycle 3 實行	✓	✓	✓

3.4
配合運動，塑造身體線條

作為三孩之母，實在沒時間每天上健身室一趟。雖然低醣飲食已可達到理想的減重效果，但如想追求更結實的身體線條，每天抽 10 分鐘在家做一些簡單的運動，可事半功倍。

　　這套動作可配合低醣飲食的第 1 個週期同步開始，但有些朋友因各種原因很抗拒做運動，我也是運動新手，非常明白當中的困難。不要緊！你可先選擇透過飲食減磅，待身體輕盈後，自然有動力做運動，追求更好的成績。

動作一：深蹲——
　　　　收緊前後腿和臀部

　　留意站着時兩腳的距離不要分太開，與膊頭位置一樣就可以。胸和背部緊鎖，雙手交叉放在胸前，慢慢蹲下，膝蓋不要蹲太出，臀部靠後一點，每次蹲下時不要傾前，保持平衡。完成蹲的動作後，不要整個人站立起來，保持曲腳，不用完全站直，繼續下蹲，

　　約 45 秒下蹲十下，動作不要太快，慢慢做就可以了。

動作二：椅上掌上壓——
針對手臂拜拜肉及胸肌

準備一張可靠及可借力的椅子，按實椅背，身體距離約兩隻腳掌位，雙手撐着椅子兩邊，保持身體挺直，然後慢慢壓下，慢慢曲手讓身體降下，注意動作緩慢，而且幅度不必太大，身體上升時手不用完全伸直，保持張力，45 秒做十次，慢慢感到胸肌和三頭肌痠軟就可停下。

動作三：仰臥起坐——
提升腹部力量

坐在軟墊上，雙腳曲起收合，身體慢慢躺下。雙腳抬高一點，初階者不用完全伸直雙腳，雙手放在頭部後方借力，讓頸部輕鬆一點。將所有力集中在腹部，微微將身體蜷曲，保持張力，幅度毋須太大，躺下時身體不要完全躺平。完成十下後，雙手離開頭部後方，抱着後大腿雙腳一伸，坐起完成。

上述每組動作可做兩次，動作之間可休息 10-15 秒，盡可能不要休息太久，避免令肌肉完全放鬆。

運動減重小貼士

- 早上起床飲用 1 杯暖水，可加少量礦物鹽，既可提神，也可抑壓食慾。

- 如實行中強度的減脂運動，施行 30-45 分鐘才會開始消耗脂肪。中強度運動如慢跑少於 1 小時，只為減重為目的，基本上的低醣飲食也可以應付身體消耗，毋須額外加添食物。但若要增強肌肉，則需於運動後一小時內補充少量碳水化合物及蛋白質（詳見第四章「你得我得低醣小教室」）。

- 如需要重型訓練如跑馬拉松或健身，必須補充蛋白質及碳水化合物，飲食比例也必須諮詢教練及營養師之意見。

- 不要用蒸餾水作為主要的飲用水，會導致身體礦物質流失得更多，容易疲倦和有飢餓感。

如欲瀏覽有關操練影片，可參閱：

我的成績表

經過兩星期後（2020 年 3 月），配合低醣飲食及每天 10 分鐘運動操練，我的體重、腰圍、手臂均有明顯的改善：

3.5
如何面對平台期？

低醣飲食減重的效果非常顯著，但減磅也會出現平台期（即磅數沒有上落，停滯不前的時期）。

　　這是非常正常的生理現象！身體有自我保護的機制，當身體適應環境後會保持穩定狀態，需要持續進行減醣飲食並配合其他方法刺激新陳代謝，才會達到繼續落磅的效果。

　　很多人遇到平台期會感到氣餒或直接放棄，然而有更多成功例子告訴我們，平台期的出現只是過渡時期，只要配合以下的方法並繼續保持正面的心態，平台期很快會過去！

飲食多元化

　　當身體習慣了新的飲食模式後，有些人看到體重沒下降會開始心急，亂了陣子，甚至偏離低醣的飲食習慣，吃錯食物或減少所吃的分量。節食捱餓會令新陳代謝減慢，日後更容易反彈，故平台期一樣要吃得飽！吃得輕鬆無壓力！

　　在低醣可吃的食物範圍內，多嘗試不同食物，食材要多元化，讓身體有新的刺激。只要吃得有營養及豐富，心情會好，放鬆不放縱就可吃出易瘦體質。

攝取足夠水分

　　除非患有心、肝、腎等病患導致腎功能障礙未能正常排出水分，否則必須攝取足夠水分，一天內平均多次飲用。

　　只有清水才被視為攝水量，其他如茶、果汁等不計算在內。如果不習慣喝水，初期可加少許檸檬協助適應。

　　此外，緊記隨身帶備大水樽提醒自己喝水，可減少自己沒時間、忘記了等等藉口。只有喝足夠的水才能促進新陳代謝，協助減磅。

輔以運動

常言道：「減肥七分飲食，三分運動」，飲食和運動有着密切的關係。運動能增加肌肉、免疫力、促進血液循環，也可鍛煉我們的意志力。

新手入門人士不用盲目追隨他人的目標而令自己產生壓力，也切忌為自己訂立太嚴苛的目標。在初始階段，可以飯後散步30分鐘，按照自己的生活步調去做，最好以經常做到為佳。

保持輕鬆愉快的心情

壓力、負面情緒促使腎上腺荷爾蒙增多，令血糖上升、脂肪囤積，體重跟着增加，非常可怕！我想很多女性普遍會因心情欠佳而利用食物令自己心情變好；但吃過後又產生罪疚感，接着引發另一輪情緒低落，再來又亂吃，不停惡性循環。

到底如何保持好心情？多發掘生活上的樂趣，投放時間建立自己的興趣，多點珍惜自己就不會輕言放棄！

要有充足睡眠

作為繁忙的都市人，這的確不是易事；但睡眠對減重是非常重要，睡眠時身體會釋放一種名為瘦體素（Ghrelin）的化學物質，可以幫助控制食慾，增加熱量消耗。如睡眠不足，瘦體素大幅下降則容易出現飢餓感，使人暴飲暴食，容易體重反彈。

成年人一般每晚以 7-8 小時的睡眠時間為最佳，盡量於晚上 11 時前入睡。睡前避免喝太多水或含咖啡因的飲品，也不要做劇烈運動或使用電子產品，以免影響睡眠質素。

睡得夠，可助你燃燒脂肪呢！

第四章

你得我得
低醣小教室

看懂營養標籤，
計算蛋白質，
輕鬆減磅

4.1
為改善身體健康，
做好營養認知

雖然「你得我得低醣飲食落磅計劃」為方便可持續實踐，並不着重計算複雜的卡路里及熱量等，然而有些理論及概念必須先弄清楚，對日後安排日常飲食會更得心應手，對整個落磅計劃更事半功倍。

消耗身體能量

　　人的基本能量來源有三種 —— 碳水化合物、蛋白質和脂肪。

　　當人的身體攝取了碳水化合物、脂肪和蛋白質後，會將碳水化合物分解為葡萄糖，在直接供應人體熱量需求後，剩餘的葡萄糖會轉成肝醣儲存起來。

　　脂肪則會先被分解為膽固醇，再合成脂肪儲存起來。蛋白質則被用於身體新陳代謝及免疫系統等，更是細胞最主要的成分，並提供生長所需。

　　當人體需要消耗能量時，首先利用葡萄糖和肝醣作為能量來源，當體內堆積的肝醣用完時，身體就會開始將脂肪代謝成酮體作為能量，在身體外觀看來就是脂肪的減少。所以「低醣飲食」的原理就是藉由降低體內葡萄糖和肝醣的含量（碳水化合物），強迫身體去燃燒脂肪，達到減重及瘦身效果。

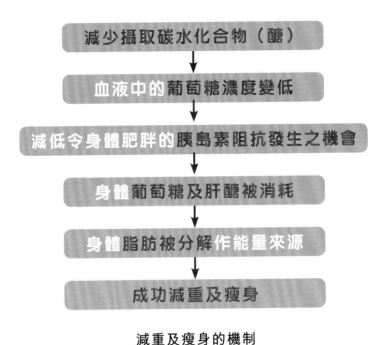

減少攝取碳水化合物（醣）

↓

血液中的葡萄糖濃度變低

↓

減低令身體肥胖的胰島素阻抗發生之機會

↓

身體葡萄糖及肝醣被消耗

↓

身體脂肪被分解作能量來源

↓

成功減重及瘦身

減重及瘦身的機制

認識胰島素

胰島素是由身體內胰臟的胰島 β 細胞所分泌出來，令血糖降低的荷爾蒙，能促進葡萄糖轉化成肝糖和三酸甘油酯儲存在體內。進食時，血糖升高，胰島素會自然刺激分泌出來。

胰島素有甚麼作用？

1. 調節血糖

當人體空腹時，血液中含有少量葡萄糖，若此時攝取碳水化合物，葡萄糖會溶解於血液裏，令血糖值飆升。

為了不讓血液中的血糖急速上升，身體內的胰島素會讓血液中的葡萄糖進入細胞裏，避免葡萄糖囤積血液中，從而穩定血糖。

2. 促進脂肪合成與儲存

高胰島素水平會促進脂肪細胞將葡萄糖轉化成脂肪（脂肪生成作用）；低胰島素水平會令身體將儲存的脂肪取出用作能量。

減重及瘦身的關鍵：穩定胰島素

前文提到，胰島素的數量能直接影響脂肪的儲存及合成，到底如何穩定胰島素呢？關鍵在於「避免刺激胰島素之分泌生成」，而胰島素之分泌生成則由我們吃進去的東西主宰。

當我們有不良的飲食習慣、缺乏運動時，身體會累積過量脂肪在肝臟或其他內臟，誘發胰島素阻抗性。胰島素阻抗性使身體不能有效地把血糖轉化成能量。為了對付胰島素阻抗性，才令身體分泌更多胰島素。

只要我們減少碳水化合物的攝取，或轉向選取相對低升糖的原形食物碳水化合物，身體內的葡萄糖自然減少，就可降低對胰島素的刺激。當中的機制正正是「低醣飲食」對減重及瘦身有顯著效果的原因！

4.2
營養師的呼籲──
減重要吃得飽！

很多人以為減肥一定要節食，但原來這並非一個健康持久的方法。有些人無疑可以透過節食達到減重效果，但很多時也會因為飲食不足、營養不良而引發身體其他問題，而且減重效果也不能持久，體重很容易反彈。

那是因為我們奇妙身體之保護機制，會當身體感受到所吃的食物不足，會自動減慢新陳代謝來保護自己，使用的能量也會減少，這正是有些人未能透過節食達到顯著瘦身效果的原因。

簡單地來個比喻，假如你沒有收入，自然不會胡亂揮霍，會守緊每一分、每一毫；當你有收入時，自然會花費多一點。我們的身體也一樣，當你吃得不足時，它會啟動節能機制來配合我們；但如吃得飽足，新陳代謝會旺盛起來，能量也較易耗掉，不易被囤積起來，減磅也更有效。

脂肪原來不是三高元兇

很多人知道肥胖可影響「三高」（高血糖、高血壓及高血脂），但原來影響三高疾病的元兇並非單純來自過量脂肪，而是精製糖與碳水化合物（醣類）。

醣類經過代謝變成葡萄糖，用不完的葡萄糖被轉化成三酸甘油酯儲存到脂肪細胞中。因此，當血糖失控，長期處於高血糖的狀態之下，三酸甘油酯的水平也跟着上升。

過多的葡萄糖會依附於身體的蛋白質上，除了使該蛋白質失去原有的功能，更令蛋白質改變結構，變成了免疫系統的攻擊對

象。當身體感到被攻擊，肝臟會增加製造膽固醇來修補受損的細胞；因此，總膽固醇水平也會同時上升。

　　故此，三高的元兇並非脂肪，而是我們平日攝取過多精製糖及碳水化合物。只要我們重新規劃飲食，避免進食精製糖及選取優質的碳水化合物，可有效降低患上三高而引發疾病之機會。

4.3
如何計算醣分？

根據食物安全中心的資料，碳水化合物的膳食纖維因無法被人體消化吸收，不會產生熱量，所以可以直接消除掉，相減之後獲得的醣分就是淨碳水化合物。

碳水化合物 – 膳食纖維 = 醣分（淨碳水化合物）

例子 1：

重量：每 100 克未烹煮的南瓜，總碳水化合物是 6.5 克，膳食纖維是 0.5 克，**醣分是**：6.5 – 0.5 = 6 克。

即每 100 克未烹煮的南瓜，約有 6 克醣。

例子 2：

重量：每 100 克焓熟、瀝乾水分及添加鹽的南瓜，總碳水化合物是 4.9 克，膳食纖維是 1.1 克，**醣分是**：4.9 – 1.1 = 3.8 克。

即每 100 克焓熟、瀝乾水分及添加鹽的南瓜，約有 3.8 克醣。

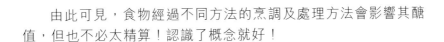

由此可見，食物經過不同方法的烹調及處理方法會影響其醣值，但也不必太精算！認識了概念就好！

善用營養資訊

醣分的公式是記住了，但一般人不是營養師，到底如何才知道各種食物的營養成分呢？

認識營養標籤

我還是新手入門的時候，並沒有計算食物的熱量，只是抱着放鬆不放縱的心態進行。低醣飲食法非常強調食物配搭，只要吃得正確又聰明，減重效果可事半功倍！因此，不用計算食物的熱量，但至少也得認識營養標籤呢！

消費者可以在預先包裝食物找到「1+7」營養標籤，即能量和七種指定營養素（蛋白質、總脂肪、飽和脂肪、反式脂肪、碳水化合物、糖及鈉），我們可了解一下以上營養素是甚麼，以及對身體的影響，參考右頁的營養標籤。

每食用份量　本包裝含　Per 100g ?

? Serving Per Package　每包總量　Per Serving

? Serving Size

蛋白質

- 有助成長發育，對肌肉、骨骼和牙齒生長及修補是必需。
- 每天目標攝入量是60克（按2,000千卡的膳食計算）。

能量

- 支持人體日常活動。
- 若攝入的能量多於消耗的，體重會增加。
- 能量的需要量因人而異。

總脂肪

- 儲備能量及維持正常身體功能。
- 如攝入過量，會增加超重及肥胖症的風險。
- 每天攝入上限是60克（按2,000千卡的膳食計算）。

營養資料
Nutrition Information

每 100 / Per 100 g	
能量 / Energy	380 千卡 / kcal
蛋白質 / Protein	6 克 / g
總脂肪 / Total fat	3 克 / g
－飽和脂肪 / Saturated fat	1.5 克 / g
－反式脂肪 / Trans fat	0 克 / g
碳水化合物 / Carbohydrates	82 克 / g
糖 / Sugars	5 克 / g
鈉 / Sodium	120 毫克 / mg

碳水化合物

- 是能量的主要來源。
- 每天目標攝入量是300克（按2,000千卡的膳食計算）。

飽和脂肪

- 提升血液中的壞膽固醇，增加患上心臟病的風險。
- 每天攝入上限是20克（按2,000千卡的膳食計算）。

糖

- 為腦部及肌肉提供即時的能量。
- 如攝入過量，會增加超重、肥胖症及蛀牙的風險。
- 每天攝入上限是50克（按2,000千卡的膳食計算）。

鈉（或鹽分）

- 維持體液平衡。
- 如攝入過量，會增加高血壓及胃癌的風險。
- 每天攝入上限是2,000毫克（按2,000千卡的膳食計算）。

反式脂肪

- 提升血液中的壞膽固醇，降低好膽固醇，增加患上心臟病的風險。
- 每天攝入上限是2.2克（按2,000千卡的膳食計算）。

* 資料來源：食物安全中心

營養標籤的重要字眼

例子 1（某牌子餅乾）

營養成分（Nutrition Facts）	
每食用分量（Serving Size）：5 pcs（25 g）	
每包裝所含食用分量數目（Servings Per Package）：15	
每食用分量中含量（Amount Per Serving）	
卡路里（Calories）	85 kcal
蛋白質（Protein）	2.5 g
碳水化合物（Carbohydrate）	12 g
糖（Sugars）	0.5 g
總脂肪（Total Fat）	3 g
飽和脂肪（Saturated Fat）	2 g
反式脂肪（Trans fat）	0 g
鈉（Sodium）	100 mg
膳食纖維（Dietary Fibre）	3 g

每食用分量（Serving Size）

即每次進食的分量，例如一包、一件等，標籤上的營養成分是以這個分量為單位作計算，例如例子 1 某牌子餅乾的營養標籤顯示，「每食用分量」是 5 塊，每次吃 1 份（即 5 塊餅乾）的話，這盒餅乾便可提供 15 次的食用。進食 1 份後所得到的總脂肪是3 克，熱量是 85 卡路里。如果吃兩份（即 10 塊）餅乾，所得到的總脂肪量是 6 克，熱量是 170 卡路里。

每包裝所含食用分量數目（Servings Per Package）

每一盒中含多少「每食用分量」。

卡路里（Calories）

是能量值的單位，能量的用處是支持人體的活動，攝取過多能量會增加超重和患肥胖症的風險，從而增加患心臟病、糖尿病和某幾類癌症的機會。

蛋白質（Protein）

對成長發育及肌肉、骨骼和牙齒的生長是必需的，1 克蛋白質能提供 4 千卡能量。

碳水化合物（Carbohydrate）

身體能量的主要來源，1 克碳水化合物能提供 4 千卡能量。

糖（Sugars）

為身體提供能量，但無其他營養價值，進食過多糖可能會令人體攝取過多能量。

總脂肪（Total Fat）

指三酸甘油酯、磷脂及其較少的成分總量。過量的脂肪可導致冠心病、肥胖及某些癌症。1 茶匙油相等於 5 克脂肪（或 1 湯匙油相等於 15 克脂肪）。

飽和脂肪（Saturated Fat）

能提升血液的低密度脂蛋白膽固醇（即「壞」膽固醇），進食分量最好不多於總脂肪量的三分之一。血液的膽固醇會增加患冠心病的風險，建議每人每天食物中的膽固醇攝取量應少於 300毫克。

反式脂肪（Trans fat）

會增加血液中的低密度脂蛋白膽固醇（「壞」膽固醇），同時亦降低血液中高密度脂蛋白膽固醇（「好」膽固醇）的含量，進食過多反式脂肪會增加患心臟病的風險。

鈉（Sodium）

是鹽的主要成分，每人每天的建議攝取量不應多於 2,000 毫克（不多於約 1 平茶匙的鹽）。攝取過量鈉質會增加患上高血壓、心血管疾病及腎病的機會。

膳食纖維（Dietary Fibre）

高纖維食物有利於腸道，提供飽腹感覺，有助預防便秘和體重控制。18 歲以下的青少年，每日建議攝取量為（歲數 +5）克，18 歲以上的成年人，每日建議攝取量為 25-30 克。

* 資料來源：食物安全中心

比較營養標籤

當對營養標籤有了初步的認識，最重要學懂明白每食用分量（Serving Size）及包裝所含食用分量數目（Servings Per Package）之分別後，自然懂得怎樣挑選食物。

一般而言，營養標籤有以下數種表示方法：

標示方式	常見類別
以 100 克（g）/ 100 毫升（ml）	飲品
以「每一分量」（Per Serving）	零食、餅乾

我們在細閱營養標籤時，要注意以下幾項要點：

1. 食物或飲品包裝上的總重量是多少？營養標籤的基數是以 100
   克或是以分數為單位？一盒共有多少分？

2. 你所食用的分量，乘以標示的數字，可計算出你攝取的營養
   分量。

就以例子 1（某牌子餅乾）的營養標籤為例：

吃 1 份 5 塊該款餅乾的醣分是：
碳水化合物（12 克）－膳食纖維（3 克）＝醣（9 克）

吃 2 份 10 塊該款餅乾的醣分是：
碳水化合物（12 克 ×2）－膳食纖維（3 克 × 2）＝醣（9 克 ×2）

即是說，碳水化合物（24 克）－膳食纖維（6 克）＝醣（18 克）

3. 如該產品沒有標示膳食纖維，有可能是其含量是零或是極微，
   那就直接看碳水化合物的數值。如產品沒有仔細說明，可參考
   碳水化合物的數值，再比較其他品牌的同類型產品再行判斷。

我們可再看看以下的例子 2，兩包以每包總量同是 55 克為
計算單位的食品，即使標榜為健康高纖的零食，其碳水化合物也
不一定較一般被認定為邪惡零食食品的薯片為低。因此，購買前
需花點時間比較，對比後再決定那樣較「抵食」。

例子 2（廣告標示為健康高纖零食及大眾化薯片產品）

A 廣告標示為健康高纖零食　　**B** 大眾化薯片產品

以每包總量 55g 計算
能量：250kcal ⬇
蛋白質：5g
總脂肪：10g ⬇
反式脂肪：0g
膽固醇：0g
碳水化合物：40g ⚠
膳食纖維：5g
糖：5g ⚠
鈉：500mg ⚠

以每包總量 55g 計算
能量：300kcal
蛋白質：3.2g
總脂肪：19.88g ⚠
飽和脂肪：8g ⚠
反式脂肪：0.2g
碳水化合物：29.2g ⬇
膳食纖維：2.2g
糖：1.4g ⬇
鈉：316mg ⬇

　　當你愈細心、愈看得多不同食物的營養標籤，不難發現一個殘酷的真相 —— 坊間標榜健康高纖的零食，其糖值及碳水化合物的數值也很高；低脂的食品或飲品因減少脂肪，其香味也較淡，廠商因而提高糖分的比例提升味道，不知不覺之中你會吃到更多糖！市面上其實很難買到有高纖、高蛋白豐富營養但同時低卡路里、低糖、低脂、低鈉的食物，故我們要多吃原形食物就是這個道理。

總結以上的比較，注意以下各點：

- 要看清楚營養標籤的單位。
- 沒有不能吃的東西，建議大家看完營養標籤的各項數字，再衡量是否值得用該配額去吃。
- 重點是：正餐吃得正確及飽足，零食癮會大大減少。

網上資訊平台

　　有些食物沒有包裝，更沒有營養標籤，例如到街市購買食材時，我如何知道那些蔬菜、肉類、海鮮、豆品的營養資料呢？

　　我們可以查詢食物安全中心的網站「食物營養搜尋器」，只要選擇相關食物可查詢該食品的營養成分。除了碳水化合物、糖，還詳列了食物的熱量、蛋白質、脂肪、飽和脂肪、反式脂肪、膳食纖維、膽固醇、鈉等資料。

食物營養搜尋器：
https://www.cfs.gov.hk/tc_chi/
nutrient/search1.php

步驟如下：

1. 進入「食物營養搜尋器」頁面。

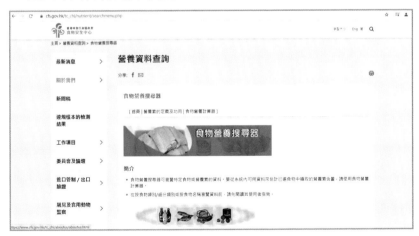

2. 選擇需要查詢食物的類別，如穀類及其製品。

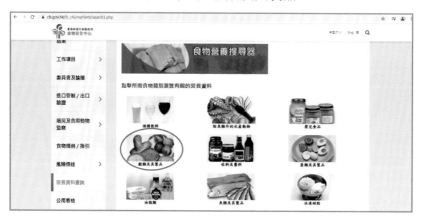

3. 選擇該類別食物的項目（如穀類）。

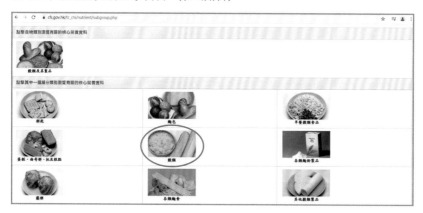

4. 細閱各穀類食物的營養資料（如未熟及煮熟的小米）。

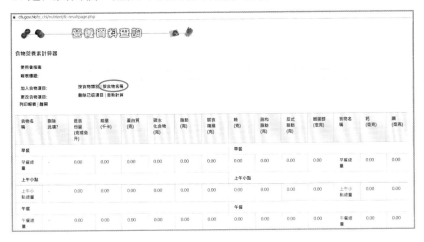

食物名稱	*資料來源	別名	分量	*能量(千卡)	蛋白質(克)	*碳水化合物(克)	脂肪(克)	*膳食纖維(克)	糖(克)	飽和脂肪(克)	反式脂肪(克)	膽固醇(毫克)	鈉(毫克)
卡姆小麥(未經烤煮)	A		100克	337	14.70	70.38	2.20	9.1	8.19	0.192	NA	NA	6
卡姆小麥(熟)	A		100克	146	6.45	30.46	0.91	3.9	NA	NA	NA	0	6
大麥(脫殼)	A		100克	354	12.48	73.48	2.30	17.3	0.80	0.482	NA	0	12
小米(熟)	A		100克	119	3.51	23.67	1.00	1.3	0.13	0.172	NA	0	2
小米(生)	A		100克	378	11.02	72.85	4.22	8.5	NA	0.723	NA	0	5
小麥糠(未經加工)	A		100克	216	15.55	64.51	4.25	42.8	0.41	0.630	NA	0	2
小麥芽	A		100克	198	7.49	42.53	1.27	1.1	NA	0.206	NA	0	16

* 或選擇以下另一項搜尋方式。

1. 進入頁面後，透過「按食物名稱」查詢。

2. 輸入食物名稱，如南瓜。

3. 頁面列出所有與有關食物的資料。

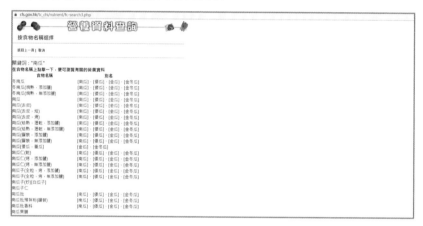

4. 細閱所挑選食物的營養資料。

4.4
如何計算蛋白質？

蛋白質是人體細胞的主要成分，每個細胞都需要蛋白質，例如皮膚、頭髮、指甲；免疫系統、身體的酵素、消化酵素，全都需要蛋白質形成。另外，血液中的血色素也是由蛋白質及鐵質構成，提供身體細胞營養及氧氣。此外，協助我們對抗疾病的抗體是蛋白質；保持我們身體水分平衡的也是蛋白質。

人體當中約 60% 是水分、20% 是蛋白質、15% 是脂肪，另外還有約 5% 礦物質，2% 碳水化合物，以及 1% 維他命。除水分外，體內含量最高的就是蛋白質了。由此可見，蛋白質於人體內擔當非常重要的角色。由於低醣飲食減少了碳水化合物攝取，故我們必須提升蛋白質的攝取量維持我們身體所需。

碳水化合物及蛋白質之計算

在了解蛋白質計算方法之前，我們需要知道原來碳水化合物的食物中也包含蛋白質。此外，為方便量化，我們也需先了解碳水化合物及蛋白質之通用計算單位及量化工具。

一般而言，一份碳水化合物每單位為 10 克（g），當中有 1 克（g）為蛋白質；一份蛋白質每單位則有 7 克（g）蛋白質。

營養素	每份含量	常用量化工具
碳水化合物	10 克（當中有 1 克為蛋白質）	酒樓中式飯碗、中式湯匙、雞蛋體積、水果（拳頭大小）
蛋白質	7 克	肉類（不論豬、牛、雞、羊）體積如麻雀般小方塊 魚類：6×6×1 厘米或 2.5 厘米闊 豆類：酒樓中式飯碗 種子類：中式湯匙 蛋類：雞蛋體積

常見蛋白質食物（1 份含 7 克蛋白質）

動物蛋白質

食物	蛋白質
全蛋 1 隻（大）	7 克
蛋白 2 隻（大）	7 克
豬、牛、雞、鴨、鵝、羊（1 隻麻雀牌大小）	7 克
帶子 4 隻（中）或蝦 4 隻（中）	7 克
魚柳 1 件（6 cm×6 cm×1cm）	7 克
鯇魚 1 件（2.5 cm 闊）	7 克
芝士 1.5 塊	7 克
牛奶 1 杯（250 ml）或原味乳酪 1 杯（150 ml）	7-8 克

植物蛋白質（豆、果仁、種子）

食物	蛋白質
扁豆 / 黑豆 / 紅腰豆 / 鷹咀豆半碗（煮熟）	7-9 克
硬豆腐 1/3 塊 / 軟豆腐 1 塊 / 豆乾 2.5 塊	7 克
乾枝竹 1 條	7 克
鮮枝竹 4-5 件	7 克
豆漿 1 杯（250 ml）	8 克
南瓜籽 1 安士（~2 湯匙）/ 葵花籽 1 安士（~3 湯匙）/ 亞麻籽 1 安士（~3 湯匙）/ 奇亞籽 1 安士（~2 湯匙）	5-9 克
果仁醬 2 湯匙	6-7 克
杏仁 1 安士（~23 粒）/ 開心果 1 安士（~49 粒）/ 核桃 1 安士（~14 粒）/ 腰果 1 安士（~18 粒）	4-6 克

* 資料來源及特別鳴謝：註冊營養師劉子欣

直播重溫

　　可是，有時候外出進食未必有上述的工具輔助，那如何量化一份食物有多少碳水化合物及蛋白質呢？我們可用手部來計算分量，以女生的拳頭大小為準，注意男士要略為減量。

　　了解兩者的單位及結構後，我們可進一步了解如何計算蛋白質的攝取量。

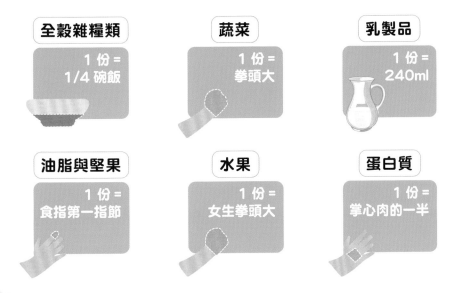

全穀雜糧類
1 份 = 1/4 碗飯

蔬菜
1 份 = 拳頭大

乳製品
1 份 = 240ml

油脂與堅果
1 份 = 食指第一指節

水果
1 份 = 女生拳頭大

蛋白質
1 份 = 掌心肉的一半

蛋白質建議攝取量

正常 一般飲食人士	〔體重（kg）× 0.8 至 1g – 約 10g 至 15g = 從碳水化合物食物所吸收的蛋白質〕÷ 7
你得我得低醣 飲食落磅計劃	〔體重（kg）× 1.3 至 1.5g – 約 10g 至 15g = 從碳水化合物食物所吸收的蛋白質〕÷ 7

*　以上適合 BMI 18.5-22.9 人士。
** 蛋白質攝取量與活動量成正比，可按以下範圍略作調整。

1.3g	1.4g	1.5g
低活動量 （如文職工作）	中活動量 （如深蹲、散步）	中、高活動量 （較勞動工作）

例子 1：

以一個成年女士，體重 **60kg**，**平常沒有運動**，希望透過「你得我得低醣飲食落磅計劃」減重，她每日的蛋白質建議攝取量為：

$$60kg \times 1.3g - 10g = 68g$$

$$68g \div 7 = 9.7 \text{ 份}$$

即該女士每日應攝取約 **10 份蛋白質**，並把 10 份蛋白質分佈於全日膳食。

建議餐單如下：

早餐 4 份	午餐 5 份	晚餐 1 份
蛋、奶類、種子類、芝士各 1 份	豆類 1 份、豆腐 1 份、肉類或海鮮類 3 份	豆類、海鮮或肉類 1 份

例子2：

　　以一個成年女士，體重 **60kg**，**每天跑步1小時**，希望透過「你得我得低醣飲食落磅計劃」減重，她每日的蛋白質建議攝取量為：

$$60kg × 1.5g - 10g = 80g$$

$$80g ÷ 7 = 11.4 \text{ 份}$$

　　即該女士每日應攝取約 **12份蛋白質**，並把 12 份蛋白質分佈於全日膳食。

建議餐單如下：

早餐 5 份	午餐 6 份	晚餐 1 份
蛋、豆類、奶類、種子類、芝士各 1 份	豆類 1 份、豆腐 2 份、肉類或海鮮類 3 份	豆類、海鮮或肉類 1 份

註：

• 圖為建議比例。

• 可按個人習慣及口味作出調整。

• 營養重點放在早、午餐。

• 晚餐較清淡，會有較佳的落磅效果。

• 如有重型運動訓練或運動員，攝取量應依從教練及營養師的建議。

4.5
BMI 過高人士如何
計算蛋白質？

先計算現時自己的身高體重指數 BMI（Body Mass Index），
計算方法詳見第一章。若 BMI 高過 22.9，需要同時計算理想
體重（IBW, Ideal Body Weight）。完成 IBW 計算，可用
該數值進一步計算每日所需之蛋白質攝取量。

BMI 超過 22.9 的人士（過重或肥胖）

以一個成年人重 75kg、身高 1.65 米，希望透過「你得我
得低醣飲食落磅計劃」減重的女士，她每日的蛋白質建議攝取
量為：

首先計算自己的 BMI：

BMI 計算方法

體重（公斤）÷ 身高（米）^{2}

75kg ÷（1.65 米 × 1.65 米）= 75kg ÷ 2.72 = 27.5（屬於肥胖）

計算 IBW，BMI 超過 22.9 算式一律為：
22.9 ×〔身高（米）〕^{2}

22.9 ×（1.65 米 × 1.65 米）= 22.9 × 2.72 = 62.3kg

蛋白質建議攝取量

正常 一般飲食	〔IBW × 0.8 至 1g － 約 10g 至 15g = 從碳水化合物食物所吸收的蛋白質〕÷ 7
你得我得低醣 飲食落磅計劃	〔IBW × 1.3 至 1.5g － 約 10g 至 15g = 從碳水化合物食物所吸收的蛋白質〕÷ 7

計算如下：
62.3kg × 1.3g-10g = 71g
71g ÷ 7 = 10.14 份

62.3kg × 1.5g-10g = 83g
83g ÷ 7 = 11.85 份

結果顯示，她每日應攝取約 **10-12 份蛋白質**，並把 10-12 份蛋白質分佈於全日膳食。由此可見，即使 BMI 過重，蛋白質攝取量也不一定要額外提高。

BMI 低過 18.5 的人士（體重過輕）

雖然過輕的人不用減重，但不妨了解一下如體重過輕，應如何計算蛋白質攝取量。

若 BMI 低過 18.5，IBW 算式一律為：
$$18.5 × 〔身高（米）〕^2$$

其高蛋白飲食之攝取量，按其活動量應為：**1.3 至 1.5g × IBW**

4.6
運動後要額外補充醣分及蛋白質嗎？

坊間對於希望瘦身人士於運動後應否額外補充醣及蛋白質均有不同說法，其實這要視乎你希望純粹減重，還是希望同時鍛煉肌肉，塑造線條。

鍛煉肌肉的關鍵

　　完成中、高強度的有氧運動後，例如跑步 1 小時，身體非常需要能量來恢復體力。運動時肌肉內的肝醣被大量消耗，肝臟的肝醣也被用來維持血糖平衡。肌肉生長需要胰島素的幫忙，醣分能刺激胰島素的分泌，因此，運動後適時補充一份以碳水化合物及蛋白質配搭的輕食非常重要。碳水化合物於運動後擔當補充及維持體力的肝醣之角色，蛋白質則補充肌肉及修補因運動而受損的肌肉組織。

　　我們的身體就如車子無燃料沒法行駛一樣，如運動後我們沒有補充能量，有些人翌日會感到更疲倦、肌肉痠痛及無法集中精神。

掌握補充的黃金時間

很多人擔心運動過後因飢餓而吃得更多,有些人更覺得沒理由把辛苦運動燃燒了的能量又吃回來。於 1999 年《營養科學與維生素學期刊》有一篇研究,比較運動後立刻進食與 4 小時後才進食的差異,在同等熱量組成食物的標準下,10 個星期後,運動後立即進食的實驗組別,體脂肪比另外一組低了 24%,肌肉質量則多了 6%。由此可見,運動後補充能量不會影響減重,更有助身體調節肌肉量及減重。

那到底運動後應該甚麼時間補充能量才最理想?

如運動後不適時進食,身體的肌肉可能因熱量流失而分解蛋白來補充能量,且有可能讓身體分配能源回到肌肉的比例下降,導致養分被儲存於肌肉外的脂肪組織與肝臟,故運動後 1 小時內補充醣分及蛋白質修補耗掉的能量與肌肉流失是最佳的黃金時間。

此外,運動後補充醣分與蛋白質的建議比例是 4:1 或 3:1(可按身體肌肉線條情況而調整)。

凡事不要過量!蛋白質攝取量過多會被轉化成脂肪囤積。除非超過中、高活動量,需額外按營養師建議調控,否則應按上述建議量攝取。

食物建議

1. 快速又方便的補醣食物
南瓜、番薯、奶類、原形麥片、水果(如香蕉、蘋果)等。

2. 快速又方便補充蛋白質食物
肉類、蛋類、豆類、奶類、低糖豆漿、無添加糖乳酪等。

4.7
喝水為何這樣重要？

水分可促進身體的新陳代謝，有助排毒減重、改善便秘、滋養皮膚、改善皮膚的狀態。

攝取正確需求量的水分，能讓你的減重計劃更輕鬆。適量補充水分已被證明能夠改善情緒，促進大腦運作和讓你在減重之路上維持好心情！許多人誤以為喝水會讓水腫情形更嚴重，因此不敢喝水，但其實多補充水分有助稀釋體內的鹽分，讓身體不用額外製造水分，避免身體浮腫。

攝水量

水分約佔人體體重 50-75%，但實際每個人對於水分的需求量也不同，以我實行的低醣飲食減重，一般人每日攝水量為：

> **體重（kg）× 40ml**
> 如體重為 65kg，每天需喝 2,600ml 清水。

* 注意：如運動量很高的運動員或正進行洗腎的人士，請先諮詢醫生的意見。

如何喝水？

很多人補充所需攝水量後都會問：「那倒不是要經常上洗手間？」喝水原來也是個學問，新手的確要練習啊！

確定自己每日的水分總攝取量後，建議將攝水量平均分配於全日內，避免在單一時間內一喝而盡。

喝水要小口地喝（細細啖逐少啜慢慢吞），不能一次性猛灌或喝得太快，因為人體一般平均每 20 分鐘只能吸收約 200ml 水量，若喝得太急、太快，身體無法吸收水分，只會加速讓你「跑廁所」，加快水分流失，適得其反。

建議大家先找一個合適的大水樽，修正每日的飲水量，再調整喝水的規律性，一步一步落實，讓好習慣慢慢養成，甚至習慣飲水後，才正式開始低醣飲食法減重。

記着！必須以輕輕鬆鬆的心態進行，否則有壓力就會影響減重的效果。

Open Day 這樣重要嗎？

低醣飲食其中一個吸引之處是設有 Open Day（開放日），目的是為了激活新陳代謝，讓身體不會過分適應低醣生活，以致減慢減肥效果。我會每週給自己一天 Open Day，其餘 6 天均會配合低醣飲食，這樣能夠讓身體維持良好的新陳代謝，又能夠不時滿足自己的食慾。

第五章

飲食清單
你得我得

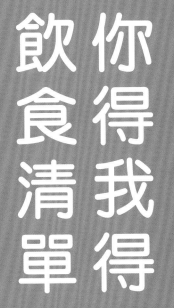

多元選擇，均衡營養，
減磅也需吃得很豐富

5.1
四大食物種類

一般人日常飲食之中，碳水化合物約佔 50% 甚至更高。低醣飲食法是每天調整攝取的碳水化合物（約佔 25-45%)、蛋白質分為：植物蛋白如豆類製品，及動物蛋白如肉類（約佔 20-30%）及優質脂肪（約佔 35-45%)，另配搭適量蔬菜作為能量來源，從而達到減少脂肪、增加肌肉的目標。

「你得我得低醣飲食落磅計劃」着重以下四類食物的比例配搭，務求吃得多元化及營養均衡。

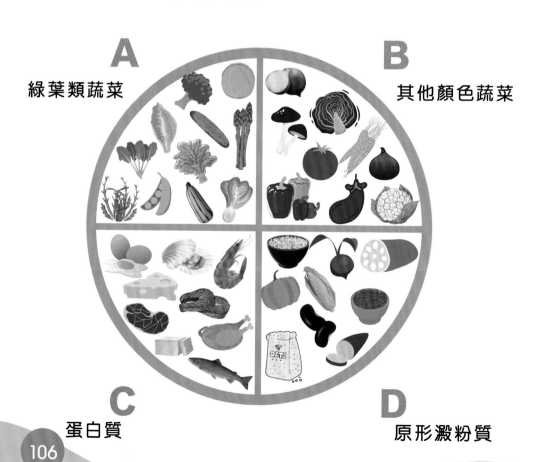

A 綠葉類蔬菜

B 其他顏色蔬菜

C 蛋白質

D 原形澱粉質

四大類別的營養價值

A 類：綠葉類蔬菜

含有豐富的膳食纖維，令人容易有飽足感，具有穩定餐後血糖及控制胰島素分泌的作用，蔬菜含水分較多，脂肪、蛋白質含量低，醣類（碳水化合物）含量不高，產生的熱量更少、升糖指數低，相較其他食材更適合控制血糖及體重，對糖尿病患者或想減重的朋友來說，是個最佳的食材選擇之一。

此外，綠葉類蔬菜含有豐富的葉酸，同時也是鈣元素的理想來源，而且還含有比較多的維他命 C、類胡蘿蔔素、鐵和硒等微量元素。

綠葉類蔬菜富含更多的植物化學物，已知是人體必須營養素以外的化學成分，如酚類、萜類、植物多醣等。研究發現，植物化學物具有多種生理功能，在抗氧化、調節免疫力、抗感染、降低膽固醇、延緩衰老等方面有一定作用，可預防心血管疾病和癌症等慢性疾病。

油麥菜

例如：菜心、菠菜、油麥菜、西蘭花。

B 類：其他顏色蔬菜

原來不同顏色的蔬菜均有其特別之營養價值：

黃色、紅色蔬菜：富含胡蘿蔔素和維他命 C，黃色蔬菜還富含維他命 A 和維他命 D，預防眼睛疾病、促進生長、發育、骨骼及牙齒健康，加強細胞及黏膜的保護和再生，維持呼吸道、腸道、毛髮、指甲及皮膚健康，並協助身體吸收和利用鈣質和磷質，幫助腦部健康，保持血中鈣質平衡。

例如：甜黃椒、甜紅椒、紅蘿蔔、番茄。

紫色蔬菜：富含花青素，具抗氧化作用，幫助清除體內有毒化學物質、自由基，減少對眼睛水晶體及視網膜的傷害，同時能預防心腦血管疾病，提高身體的免疫力，有助促進胰島素敏感性，有助提高胰島素分泌量來穩定血糖。

茄子

　　例如：茄子、紫椰菜。

　　白色蔬菜：富含膳食纖維、鉀、鎂等微量元素，具有提高免疫力和保護心臟等功能，對調節視覺和安定情緒有一定作用，對高血壓和心肌病患者有益處。

　　例如：冬瓜、白蘿蔔。

　　黑色蔬菜：能刺激人體內分泌和造血系統。研究發現，黑木耳含有一種能抑制腫瘤的活性物質，與降低食道癌、腸癌、骨癌的發病風險有一定關係。

黑木耳

　　例如：黑茄子、黑木耳、海帶。

C 類：蛋白質

　　蛋白質對人體的重要功能包括修補組織及生長（如頭髮生長、肌肉修補）；調節身體、血液和循環作用（如荷爾蒙、酵素、DNA、白蛋白、脂蛋白等合成，不同的蛋白質均具有其特化的調節功能反應）；發展免疫系統（如形成免疫球蛋白對抗發炎反應），以及作為備用的熱量來源（1 公克可產生 4 大卡）。

　　如你想透過減醣來減重，每餐添加優質蛋白質非常重要。攝取足夠蛋白質時，身體會比較有飽足感，減少心思思想吃東西的機會，而且還能在減重的同時維持肌肉的質量。

　　緊記每一餐最少選擇一份蛋白質進食！

　　例如：魚類、奶類、雞肉、蛋類、無糖乳酪、豆類等都是優質蛋白質的選擇。

D 類：原形澱粉質（適合於第 3、4、7、8 週進食）

一般來説，飲食上不攝取任何精製澱粉質（如粥、粉、麵、飯）並無大礙，但要懂得挑選優質澱粉質取代，因為長時間戒吃澱粉質，當身體重新認識澱粉質時，身體吸收澱粉質的能力或會突然變好，體重或因而出現反彈。

顧名思義，原形澱粉質是未被加工的全穀根莖類，這些食物不僅提供熱量，還有完整的營養價值（如膳食纖維、維他命 B、植化素等），其熱量及升糖指數較低，足以取代口味相對較好，但營養價值相對偏低的精製澱粉質。

最重要的是，正確攝入優質澱粉質不僅可以控制體重，還可以讓人更健康，減少肥胖、二型糖尿病、腸癌等疾病的風險，故攝取原形澱粉質成為身體主要熱量來源之一是最佳選擇！

蕎麥

例如：糙米、原片燕麥、小米、蕎麥等。

認識抗性澱粉

低溫令澱粉結構轉變為抗性澱粉，不易被腸胃吸收，能減緩血糖上升的速度。故此，香蕉可選外表較綠的，番薯、馬鈴薯等煮熟後放入雪櫃再吃，其抗性澱粉亦會較高。

5.2
其他營養食物及要素

水果（每天兩份拳頭分量）

即使不進行減肥，很多人也聽過水果總是和「升糖指數」（Glycemic index，簡稱 GI）一起被討論。升糖指數指的是吃下去的食物，造成血糖上升快慢的數值指標。

升糖指數愈高的食物，通常消化愈快速，容易使血糖快速上升，導致多餘的體脂肪形成，容易發胖；反之，升糖指數較低的食物會緩慢分解，血糖會緩和上升，也較容易有飽足感。

很多人以為，愈甜的水果要愈少吃，而相對沒那麼甜的水果可以放心大吃，這種觀念原來是錯的！因為水果甜不甜，不能當作影響血糖、判斷升糖指數數值高低的依據，當中更與含醣量、膳食纖維、食用方式有關。

相較之下，升糖指數數值與膳食纖維相關，膳食纖維含量愈高，GI 值愈低，因為膳食纖維可以控制血糖、幫助食物緩緩吸收、延長消化時間增加飽足感。

就算同一種水果，升糖指數也隨着品種、產地、放置時間而有所變化，舉例來説，放置較久的熟透水果、切成小塊的、已去皮的，GI 值都有所不同，如成熟至出現黑斑的香蕉比青綠色香蕉的 GI 值高、果汁的 GI 值比水果高，即使不加糖的果汁也如此。因此，不能單憑水果本身判斷其升糖指數，但可以將 GI 值看作一個相對概念，這樣會容易得多。

哪些水果是高 GI？哪些是低 GI 呢？希望以下的資料可給大家一個參考：

低GI值（55以下）	如：牛油果、車厘子、藍莓、士多啤梨等。
中GI值（55-70）	如：提子、木瓜、香蕉、菠蘿、桃子、梨。
高GI值（70以上）	如：芒果、榴槤、荔枝、龍眼等。

總括而言，進行低醣飲食期間，每天需攝取兩份拳頭分量的水果，進食低升糖指數的水果好處有：

1. 穩定控制血糖，不易感到飢餓、疲憊，精神更佳。
2. 消化速度緩慢，可增加飽足感。
3. 含有豐富膳食纖維，幫助消化代謝，不易發胖。

日常的水果選擇有很多，每天攝取兩份拳頭分量水果吧！

微量元素——鈉、鉀、鎂

　　也許你曾聽說過低醣飲食的朋友在剛開始進行減醣時，可能會有心悸、頭暈、手震等不適，那是由於身體對碳水化合物攝取量轉變，由以前的高碳水、高醣模式，切換至低碳模式，由葡萄糖轉變為由蛋白質及脂肪供應能量的反應之一，當中有數個原因：

1. 吃的比例配搭不對。
2. 身體適應過度期。

　　一般情況之下，低醣飲食是不會缺乏營養的，也不是人人身體也出現過度期，但因為低醣飲食的特性，某些人可能會導致某些礦物質流失，修正食物比例配搭後如仍有問題，要注意補充微量元素及維他命了。

　　低醣減重期間，最先注意補充 3 種微量營養素，分別是——鈉、鉀、鎂。

　　一般來說，身體儲存 1 克碳水化合物，會相應鎖住（儲存）3-4 克水分，進行低醣飲食後，身體會大量排水，主要原理是：高胰島素水平導致腎臟儲水；低胰島素水平導致腎臟排水。

　　排尿增多會帶走一些電解質，首先是鈉，當身體失去鈉，會排泄更多鉀以保持平衡，另一個重要的電解質就是鎂，那我們應如何補充呢？請參考下圖。

建議日均補充量 ^	建議食物來源	缺乏後出現的狀況
鈉 （每天不要攝取超過 2,000 毫克，即 5 克鹽）	水、礦物鹽（如粉紅岩鹽）。	口渴、便秘、頭痛、疲倦、心悸等。
鉀 （每天 2.7 克至 3.1 克）	牛油果、冬菇、紫菜、綠葉蔬菜、奶及奶類製品、堅果等。	便秘、心情煩躁、肌肉量減少、皮膚變差。
鎂 （成年女性：每天的攝取量應不少於 220 毫克；成年男性每天的攝取量應不少於 260 毫克。）	綠葉蔬菜、堅果、介貝類水產（如生蠔）、南瓜籽、黑朱古力、豆類等。	抽筋、頭暈、疲倦。

^ 資料來源：食物安全中心

註：每人身體所需不同，可先諮詢醫生或營養師。

　　基本上，低醣飲食包含的五穀根莖類、蔬菜、肉類、海鮮、蛋類等已含有很豐富的微量元素，如吃得多元化及比例正確，是不用額外添加補充劑，如不吃個別的食物，坊間的綜合維他命也是很方便的選擇。

維他命 C

　　由於水果含有果糖，低醣飲食每日不宜攝取多於兩份拳頭分量，有些低醣飲食者開始時並不習慣，覺得水果比從前吃得少，總覺得維他命 C 攝取量不足夠，那到底如何避免呢？

　　維他命 C 對人體免疫力有非常大的功效，不單能抗氧化，也能刺激膠原蛋白合成。若長期缺乏維他命 C，可能會感到疲勞或容易引起牙齦發炎問題。

　　維他命 C 可由多吃羽衣甘藍、菠菜、西蘭花、椰菜花等補充，其中椰菜花耐熱性高，高溫烹調也不易流失維他命。此外，可每天喝一杯無糖檸檬水，檸檬雖然並不是維他命含量最高的水果，但醣分很低，卻有很豐富的維他命。

檸檬

椰菜花

113

大家聽到「油脂」兩字自然想到與減肥相剋，認定油、脂肪是導致肥胖的元兇。我曾經也試過白焓食物減肥，把食物洗掉油分才吃，但原來油脂對身體非常重要，不能缺少！

油脂是身體製造荷爾蒙的材料，若油脂攝取不足，可能導致女性荷爾蒙失調、月事不順，油脂也可促進維他命 A、D、E、K 吸收。另外，維他命 A 和免疫力有關；維他命 D 可促進鈣質吸收；維他命 E 有助抗氧化；維他命 K 則促進凝血作用，是凝血因子合成的必需物質。

簡單來說，要攝取優質油脂才能促進身體新陳代謝，協助維持身段！

到底如何分辨優質油脂呢？油脂可分為不飽和脂肪酸及飽和脂肪酸兩種，以下是快速分辨油脂來源的方法，優質油脂通常富含不飽和脂肪酸。不飽和脂肪酸已被廣泛認同對心血管的影響最低，具降低血脂、提高好膽固醇的功效。

脂肪種類	常溫下狀態	例子
不飽和脂肪酸	液體	橄欖油、亞麻籽油
飽和脂肪酸	固體	牛油、豬油、忌廉

牛油果是優質油脂，有助心腦血管健康，日常可適量進食。

以下是推薦的優質油分：

飽和脂肪酸	促進代謝的油脂來源種類	推薦原因
中鏈脂肪酸	椰子油	不易轉為脂肪，容易被身體吸收。
奧米加 3 脂肪酸（Omega-3）	魚油、堅果、芝麻油、亞麻籽油	是人體的必需脂肪酸，能降低膽固醇、減少炎症。Omega-3 內含 EPA、DHA 及 ALA，其中 EPA 與 DHA 直接影響人體心臟、腦部、眼睛、神經系統和腎臟的正常運作。
奧米加 9 脂肪酸（Omega-9）	牛油果油、特級初榨橄欖油、芝麻油、堅果	是人體的非必需脂肪酸，主要作用於抗氧化、降低膽固醇，若體內維持足夠的 Omega-9，有助維持心腦血管健康，有助穩定情緒。

記着！凡事不要偏吃某一種食物，要多元化飲食，不能只偏吃上述所推薦的幾種，建議經常更換及配搭。此外，要留意並非所有油分也適合高溫煮食，購買時需看清楚包裝上的指引。

倩揚提提你

減肥要顧及營養均衡

　　減肥除了為着追求外形,更為自己管理好身體,預防因肥胖而引起不同的健康問題,故減肥也要顧及營養均衡,只要你跟着我的飲食概念,吃得多元化,不要偏食,注意攝取優質油脂,吃對食物、吃對比例,配合飲用足夠水分及適量運動,就能夠減得健康。

＊ 緊記要多飲水、多飲水！
＊ 入門級的朋友每天飲水量是:體重（kg）×30ml；
＊ 進階級的朋友每天飲水量是:體重（kg）×40ml。

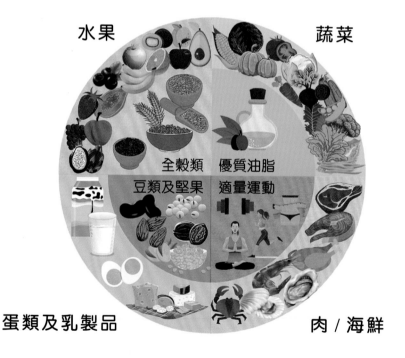

水果　　　　　　　　　　　　蔬菜

全穀類　優質油脂
豆類及堅果　適量運動

蛋類及乳製品　　　　　　　　肉／海鮮

5.3
早、午餐飲食清單

很多朋友剛開始低醣飲食時，都會常苦惱迷惘，到底應該吃甚麼？有些朋友更是「無飯家庭」，上班已很勞累，平日不煮食要到餐館解決一日三餐；有些則不想放棄社交生活而欠缺動力開始，或總是認為減磅一定「無啖好食」，所以將體重管理計劃無限擱置⋯⋯

　　如我之前所強調，此書的低醣飲食落磅計劃絕對是一個人性化的減重方法，不單止能吃得豐富，而且也可在外進餐，如常和親友聚會而不覺為難或感到壓力。只要按照我提到的低醣飲食原則，挑選自己適合的食物，學懂選擇後飽住落磅絕對不是夢。

　　我整理了一些早、午餐建議、食材清單給大家參考，無論是自煮或外出用餐也能輕鬆跟着做，大家也可以依照大原則靈活變化食材！

117

早餐建議

A. 簡便之選
（一 Take 過輕鬆簡便營養豐富組合）

1. 一至兩份雞蛋
2. 一杯 Morning Drink（早晨特飲）/
   Smoothie Bowl（果昔）/
   Overnight Oats（隔夜麥片）

* 蔬菜 70%、水果 30%
* 植物奶 / 牛奶 / 乳酪（無糖或低糖為佳）
* 隨喜好加入種子類或營養粉（芝麻、亞麻籽、杏仁粉等）

B. 豐富之選
（時間充裕，有興趣慢慢準備）

1. 一杯 Morning Drink（早晨特飲）/
   Smoothie Bowl（果昔）/
   Overnight Oats（隔夜麥片）

＊ 蔬菜 70%、水果 30%
＊ 植物奶 / 牛奶 / 乳酪（無糖或低糖為佳）
＊ 隨喜好加入種子類或營養粉（芝麻、亞麻籽、杏仁粉等）

2. 深綠色蔬菜（沙律菜、炒雜菜、青瓜）
3. 其他顏色蔬菜（車厘茄、番茄）
4. 蛋白質（煎蛋、炒蛋、奄列、日式卷蛋、魚柳、豆腐）
5. 脂肪（雞扒、牛扒）
6. 水果（每日兩份拳頭分量）

＊ 原形澱粉食物（Weeks 3, 4, 7, 8 可加入）

C. 趕時間之選
（適合又忙又趕時間，同時兼顧營養之組合）

1. 一至兩份雞蛋
2. 牛奶或植物奶，加入奇亞籽（Chia Seeds）
3. 水果（每日兩份拳頭分量）

D. 方便之選
（適合沒靈感又想多變化、營養均衡之組合）

早餐 A

自製高纖營養奶昔配烚蛋

早餐 B

堅果燕麥原味乳酪、蘑菇奄列

早餐 C

奇亞籽無糖豆漿、牛油果焗蛋

早餐 D

抹茶低脂奶昔、去皮雞扒／雞柳配紅腰豆、青瓜、車厘茄

E. 自由靈活之選
（適合已掌握低醣飲食概念，想靈活多變、自由配搭、營養均衡之組合）

奶類
全脂牛奶、低脂奶、脫脂奶、植物奶（如無糖豆漿、米奶、杏仁奶、椰子奶、燕麥奶等）

蛋
雞蛋

麥片類
原片麥片（Oat）、烘烤酥脆穀（Granola）、原味燕麥（Muesli）

種子類
南瓜籽、葵花籽、奇亞籽等

堅果及乾果類
無鹽杏仁、腰果、合桃、松子仁、藍莓乾、黃金莓乾、提子乾、杏脯等

乳酪
原味乳酪（無添加糖）

各類營養粉
巴西莓粉、瑪卡粉、杏仁粉、黑芝麻粉、小麥草粉、生可可粉、椰子粉、亞麻籽粉、小麥胚芽粉等

午餐建議

適用於「你得我得低醣飲食落磅計劃」
Weeks 1、2、5、6

約 50%
綠葉菜

約 40%
蛋白質

約 10%
其他顏色蔬菜

其他顏色蔬菜建議：
＊ 番茄、三色甜椒、茄子、洋葱

蛋白質建議：
＊ 魚、海鮮、雞肉

適用於「你得我得低醣飲食落磅計劃」
Weeks 3、4、7、8

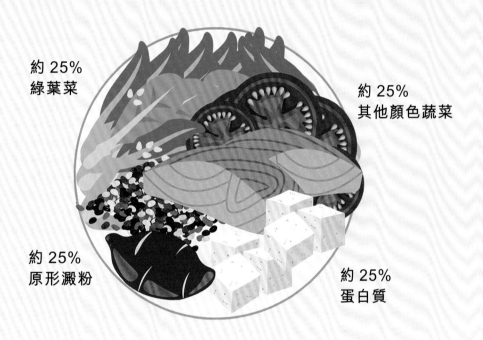

約 25%
綠葉菜

約 25%
其他顏色蔬菜

約 25%
原形澱粉

約 25%
蛋白質

原形澱粉食物建議：
* 南瓜、粟米、蓮藕、
  薯仔、原片大麥片、
  粗糧米、豆類、藜麥

5.4
自煮買餸清單

實行「你得我得低醣飲食落磅計劃」，有些人走進街市或超級市場，對買餸食材毫無頭緒，以下的買餸清單，希望給你建議，原來有很多食材也適合帶回家。

A 類
綠葉類蔬菜（Weeks 1-8）

蘆筍　　　　莧菜　　　　菠菜　　　　火箭菜

西芹　　　　椰菜花　　　白菜、菜心　　椰菜

西蘭花　　荷蘭豆、蜜糖　青瓜、節瓜、　羽衣甘藍
　　　　　　豆、四季豆等　　翠玉瓜

B 類
其他顏色蔬菜（Weeks 1-8）

| 金菇 | 紅蘿蔔 | 蘑菇 | 白蘿蔔 |

| 三色椒 | 芽菜 | 韭菜、大蔥 | 茄子 |

| 鴻禧菇 / 秀珍菇 | 番茄 | 洋蔥 | 紫椰菜 |

125

1. 動物性蛋白：
肉類、海鮮、奶類、蛋

＊ 雞：　全雞、雞扒、雞鎚、雞柳、雞胸等。
＊ 魚：　三文魚、比目魚、銀鱈魚、鯰魚柳、各類淡水魚及鮮
　　　　　魚等。
＊ 海鮮：蝦、帶子、蜆子、蠔、鮮鮑魚等。
＊ 牛：　牛扒、牛仔骨、牛柳粒、火鍋牛肉片等。
＊ 豬：　豬肉、排骨、豬扒、火鍋梅肉片等。
＊ 羊：　羊架、羊扒、羊肉片等。
＊ 奶類：芝士、乳酪等。
＊ 蛋：　雞蛋、鴨蛋等。

| 全雞 | 牛扒 | 雞髀 | 羊架 | 豬扒 |
| 蝦 | 帶子 | 蠔 | 三文魚 | 比目魚 |

2. 植物性蛋白：
豆類、豆類製品、堅果、五穀種子類、植物奶

＊ 豆類：　　　紅豆、黃豆、扁豆、黑豆、鷹咀豆、紅腰豆、蠶豆等。

＊ 豆類製品：　軟豆腐、硬豆腐、豆腐乾、普寧豆腐、乾枝竹、鮮腐竹、無糖豆漿等。

＊ 堅果類：　　杏仁、腰果、合桃、開心果等。

＊ 五穀種子類：奇亞籽、亞麻籽、葵花籽、南瓜籽、藜麥、原片麥片、蕎麥等。

＊ 植物奶：　　無糖杏仁奶。

| 紅豆 | 黃豆 | 紅腰豆 | 豆腐 | 葵花籽 |
| 豆乾 | 堅果類 | 藜麥 | 原片大麥片 | 植物奶 |

D 類
原形澱粉質（Weeks 3、4、7、8）

藜麥	紅米	小米	糙米	原片大麥片
紅豆	五穀粗糧	南瓜	番薯	馬鈴薯
蓮藕	粟米	紅菜頭	芋頭	淮山

5.5
十四種超級食材

「你得我得低醣飲食落磅計劃」非常注重營養均衡，以下一些食物是營養很好的超級食材（Superfood），大家可以常備在家，適當地在日常飲食中應用。

牛油果

　　牛油果屬於油脂類，含有不飽和脂肪酸，能分解脂肪、抑制食慾，讓身體不易餓，更能健康地瘦！此外，牛油果含大量維他命 C，具有防老化、抗氧化作用，防止肌膚老化，有美肌功效。而且牛油果含有豐富維他命 E，可促進血液循環，保持頭腦靈活，讓身體不容易疲累，是攝取優質油脂的上佳選擇之一！

黑芝麻

　　芝麻是原形食物及優質油脂的來源之一！芝麻含有多種脂肪酸，其中阿麻油酸比例最高，是人體不可缺少、能促進新陳代謝的優質油脂，也有助身體減少膽固醇，潤澤皮膚、減少便秘。

　　此外，黑芝麻有豐富的鈣質，對骨骼保健很有幫助；豐富的硒可提升免疫系統，也可補充礦物質；豐富的鐵質能幫助消除新陳代謝過程產生的過氧化物質。黑芝麻富含維他命 E，幫助抗氧化，減少自由基對人體細胞的傷害。

雞蛋

　　在飢餓時，雞蛋是及時補充的優良蛋白質，當中的膽鹼能促進大腦健康，DHA 則具有抗發炎作用，其中還含多種維他命和礦物質，大量卵磷脂、葉黃素等營養成分，雞蛋絕對是優質蛋白質的來源，也是低醣飲食者的好伙伴！

豆類

豆類是優質植物蛋白質的重要來源，有助於增強肌肉、燃燒脂肪，而且豆類含有大量可溶和不可溶纖維；有助防止血糖升高，使熱量燃燒及穩定血糖，當血糖穩定就不容易感到飢餓，半碗豆類約含有 7 克蛋白質，黑豆、紅腰豆、鷹咀豆都是不錯的選擇！

蘆筍

100 克焓熟的蘆筍能提供 2.7 克纖維和 2.9 克蛋白質，遠高於其他蔬菜類，高纖不僅能促進腸胃蠕動，還能增加飽足感，是配搭肉類的好伙伴！

椰菜花

椰菜花的抗氧化劑破壞自由基，有助延緩衰老過程，所含的膳食纖維有效健康地減重，想健美的你別忘了把它加進餐單中！椰菜花有助改善關節炎、胃潰瘍，也可減少癌症的發病機率。

椰菜花的口感適合用於低醣飲食來取代白飯，以喜愛的配料來個椰菜花偽炒「飯」，既飽足又可滿足「飯」癮。椰菜花耐熱性高，加熱烹調也不易流失營養。

番茄

番茄的纖維豐富，含多樣保護性營養素，如葉酸、維他命 C、胡蘿蔔素、鉀，是保護心血的超級食材之一。

番茄加熱後會釋放超強抗氧化的茄紅素，茄紅素屬於脂溶性，與油一起攝取可以使吸收率提升 2 至 3 倍，建議和油加熱烹調食用！茄紅素具有防止肌膚和血管老化的作用，其抗氧化功能更是維他命 E 的 100 倍。挑選時見番茄的顏色愈紅，代表含愈豐富茄紅素。

三文魚

大部分魚類都是減肥食物的好選擇，除含有豐富蛋白質及優質脂肪值得推崇外，也因為魚類選擇多，口味變化多，其中三文魚絕對是燃脂食物界的最佳選擇之一。

三文魚含有對心臟健康的 Omega-3 脂肪酸、維他命 A 及 C，幫助維持肌膚健康，更有效改善肌膚粗糙的情況。

藜麥

藜麥是優質澱粉質，而且同時是良好的蛋白質來源，有助維持肌肉量。此外，藜麥也是鎂的重要來源（每半杯約 60 毫克），有助促進睡眠，好的睡眠質素對減肥來說也非常重要！

堅果

堅果富含健康的脂肪、纖維和蛋白質，具有健康營養素和達至飽足感的絕佳組合！堅果類如杏仁、山核桃和南瓜籽，是減少腹部脂肪的健康脂肪。有些堅果如核桃具極少量的 ALA（alpha- 次亞麻油酸，屬於 Omega-3 脂肪酸一種），有助緩解炎症。堅果是低醣飲食者很好的零食之一。

莓果類

　　莓果類是水果中熱量及升糖指數低的上佳選擇！士多啤梨、藍莓與蔓越莓等富含纖維，有助提高飽足感，促進腸道蠕動並幫助燃脂，更重要是莓果類富含抗發炎、抗氧化、抗衰老成分，也能有助增強免疫力！當中的花青素具有維護眼睛健康的功能。

　　藍莓是營養師經常推薦予減肥人士的水果之一，升糖指數低，能降低壞膽固醇，對減少腹部脂肪也有幫助。

薑黃

　　薑黃有促進新陳代謝、調節膽固醇、抑制食慾、降低身體細胞發炎的作用。此外，薑黃還有調節血糖，增加胰島素的敏感程度，因此多吃薑黃還可預防糖尿病、降血脂。

　　薑黃同時可調節及穩定情緒，提高大腦中的血清素和多巴胺，減少鬱悶的情緒。可是，腸胃、肝腎功能不佳人士不適合多吃薑黃，建議先諮詢醫生意見。

莓果類能增加免疫力、抗衰老，我日常喜歡以莓果類作為水果食用，或製成甜品。

乳酪

乳酪含有益生菌，能促進腸道健康，減少便秘，當腸道有好的細菌，新陳代謝也會變好，還能有助免疫系統運作！

在乳酪之中，不得不提「希臘乳酪」，蛋白質含量一般較普通乳酪高，平均每 100 克含有 8 克蛋白質，能提高飽足感，是減肥人士的恩物之一！

市面上有不少乳酪標籤為「希臘乳酪」，但其實部分只是「希臘式乳酪」。在香港，真正產自希臘的希臘乳酪並不常見。

希臘乳酪的成分主要為鮮奶和益生菌，比普通乳酪多了過濾的程序，過濾水分和乳清後，乳酪的味道較濃郁、質地較稠。製作一份希臘乳酪需要用 3 至 4 杯鮮奶，而普通乳酪則只需 1 杯，所以希臘乳酪的蛋白質較普通乳酪高 2 至 3 倍。希臘式乳酪則是普通乳酪，加了蛋白粉和增稠劑模仿希臘乳酪的口感和蛋白質成分。

由於原味希臘乳酪味道較酸，建議於早餐時搭配水果或堅果一起吃！

麥片

很多人忽略麥片其實含有豐富碳水化合物，那我們進行低醣飲食時應該如何挑選？麥片一般有以下四種：

1. 粟米片（Cereal）

用穀物（通常是粟米或小麥）磨粉塑形之後製成的穀片，成品已看不出原來穀物的形狀，通常會添加糖、食用色素、香料等，以加工程度來說這款是最高的，不過也因為外形多變、口味豐富、口感酥脆，是穀片市場中最主流的產品，但不太適合低醣飲食人士多吃。

2. 烘烤酥脆穀（Granola）

Granola 保留了穀物原本的外形，許多營養也得以保留。此外，成分更添加堅果、果乾等天然食物，最後以蜂蜜烘烤，讓整體看起來有種誘人的金黃色，咬下去口感更酥脆，若泡在牛奶也不易變軟，口味有點甜但相對天然，很適合嘗試健康穀片的入門選擇，但注意不宜放縱地吃啊！

3. 原味燕麥（Muesli）

比上述兩者，Muesli 成分更加天然！除了將穀物簡單地壓扁、加入堅果及果乾之外，沒有任何加工處理，甜味完全由穀物本身和其他天然食物而來，對一般人來說可能味道較淡，但卻是很多穀片愛好者的最愛！這款特別適合低醣飲食或限制熱量的人士攝取，或單純想要吃得健康的朋友。配搭無糖乳酪、豆漿或牛奶，可一次性地輕鬆享用高纖、果乾的鮮甜、堅果的酥脆，還有牛奶豐富的鈣質與蛋白質，非常飽足又營養健康！

4. 原片大麥片（Oat）

與即食麥片不同，原片大麥片需經烹煮才可享用，常以糊狀吃法為主，除了穀物之外可能也加入水果，甚至有人加入鹹味來調味。可加入無糖豆漿或杏仁奶、水果、堅果、種子等製作「隔夜燕麥」（Overnight Oats）作為健康早餐之一。

5.6
自煮料理選擇

我整理了以下的自煮菜式，吃的種類很多，分為不同食材類別，給予各位新手入門朋友飲食靈感，煮出屬於自己的減醣營養餐，外出進食也可參考啊！

豆品篇

- 老少平安
- 葱花帶子蒸豆腐
- 香煎墨魚滑豆腐
- 琵琶豆腐
- 豆腐肉碎煎蛋餅

- 豆腐斑腩煲
- 蝦仁豆腐乾炒四季豆
- 昆布豆腐味噌湯
- 紅燒豆腐煲
- 椒鹽豆腐

海鮮篇

- 白灼蝦
- 蒜香牛油焗大蝦
- 燒汁煎帶子
- 泡菜海鮮鍋
- 西蘭花炒鮮魷

- 節瓜蝦米炒蒟蒻麵
- 手打羅勒蝦餅
- 清酒煮花甲
- 西芹杏鮑菇炒象拔蚌
- 節瓜大蜆味噌湯

豬肉篇

- 梅菜／土魷蒸肉餅
- 豉汁蒸排骨
- 椒鹽豬扒
- 蘆筍豬肉卷
- 日式蘋果咖喱豬扒

- 味噌豬柳粒
- 雜菇味噌炒梅肉片
- 韭菜銀芽炒肉絲
- 泰式生菜包
- 上湯獅子頭

牛肉篇

- 壽喜燒
- 中式牛仔骨
- 金菇牛肉卷
- 紅酒燴牛柳
- 芥蘭炒牛肉
- 蒜片一口牛

- 漢堡扒
- 咖喱牛腩
- 滷水牛腱
- 葱爆牛肉
- 各式牛扒

雞肉篇

- 蜜汁焗雞鎚
- 番茄洋蔥雞柳
- 鹽焗雞髀
- 沙薑雞
- 白切雞
- 三杯雞

- 黑椒雞扒
- 彩椒百合炒雞絲
- 滷水雞髀
- 西檸雞
- 滴雞精

魚肉篇

- 清蒸鮮魚
- 鹽燒鯖魚
- 香草三文魚
- 蒜香牛油煎比目魚
- 檸檬烏頭

- 番茄紅衫魚
- 白汁蘑菇斑塊
- 銀鱈魚西京燒
- 椒鹽秋刀魚
- 吞拿魚牛油果沙律

雞蛋篇

- 蒸水蛋
- 茶葉蛋
- 蝦仁炒蛋
- 番茄炒蛋
- 秋葵炒蛋
- 田園煎蛋餅

- 白飯魚煎蛋
- 苦瓜肉碎煎蛋餅
- 日式茶碗蒸
- 日式紫菜芝士卷蛋
- 溫泉蛋昆布沙律

水果篇

西柚	蘋果	藍莓	黑莓
石榴	車厘茄	西梅	火龍果
木瓜	奇異果	紅石榴	紅桑子
士多啤梨	橙	西瓜	蓮霧
車厘子	檸檬	熱情果	蔓越莓
牛油果	梨	提子	楊桃

5.7
外出用餐選擇小貼士

基本上，低醣飲食也有很多外食選擇，故外食族不用擔心如何踏出第一步，也沒必要擔心外食無法減肥而放棄社交生活。即管踏出第一步，透過改變飲食方法，去感受身體的變化吧！

茶餐廳

- 小菜走飯
- 無糖飲品
- 常餐扒類加蛋走汁（或另上）
- 套餐可轉菜底走飯，或自備餐盒把飯帶走
- 油菜全走
- 如時間許可，可自攜原形澱粉如番薯、南瓜配外賣同食

火鍋店

- 避免加工火鍋料
- 不要飲用湯底
- 以肉類及蔬菜為主
- 無糖飲品

燒烤

- 以肉類及蔬菜為主
- 避免濃味醬料
- 可選吃海鮮
- 無糖飲品

西餐

- 扒類（汁另上）
- 薯角、焗薯
- 沙律（醬汁首選油醋汁或汁另上）
- 海鮮拼盤
- 無糖飲品

日式壽司店 / 居酒屋

- 沙律（避免醬汁）
- 刺身
- Shabu Shabu 選蔬菜、肉類為主食，可選昆布湯底
- 冷豆腐
- 蒸蛋 / 茶碗蒸
- 串燒
- 枝豆

偶爾我會氣炸肉類菜式以增添進食開心的情緒，配搭減脂雜菜湯及無糖檸檬茶，享用一頓自製的美味西餐。

中式麵店

- 淨牛筋 / 牛腩
- 油菜全走或醬油另上
- 避免加工食品（如丸類）

自助餐

- 避免精製澱粉、加工食物
- 熱食可選海鮮、肉類、豆類製品
- 沙律 Bar 有豐富蔬菜、堅果選擇
- 無糖飲品
- 中湯、喇沙、酸辣湯的鹽及糖分量易超標，淺嘗為佳
- 冷盤可吃海鮮（可選用油醋汁）

便利店

- 溏心蛋
- 雞髀
- 堅果
- 無糖乳酪
- 無糖飲品
- 無添加調味堅果
- 蔬菜沙律
- 無添加糖奶類製品

連鎖快餐店

- 雞扒沙律（避免醬汁）

車仔麵

- 避免精製澱粉類，麵底轉菜底
- 避免加工食品（如紅腸、丸類）
- 肉類、菇菌類、蔬菜是很好的選擇
- 避免飲用湯底

中式酒樓

相信大家一定會問到酒樓究竟可以有甚麼選擇？
中式酒樓的食物普遍熱量及含澱粉量偏高，相對「唔抵食」，所以建議大家選擇 Open Day 才慢慢放鬆心情，享受飲茶的樂趣。
* 上司同事請飲茶，唔推得權宜之選有以下：
淺嚐系列：燒味、蒸排骨、牛栢葉
理想之選：油菜、茶水
p.s 真心推介 Open Day 先去飲茶（笑！）

5.8
減醣料理食譜

經常有組員問我:「究竟每日應該怎樣煮、怎樣吃?」
為了消除大家的疑慮,參考以下我經常烹調的簡易早、午餐,
希望給你們靈感,煮出喜歡的減醣美食。

* 分量:
每個人的飽足感不同,重點在於記錄每餐令自己有飽足感的配
搭、分量,為自己訂製喜好食物清單。

* 食譜中所指的基本調味料:
鹽、原糖、生抽、胡椒粉、麻油、料理油、味醂、香草類香料、
辣椒類調味料等均適用,分量隨個人口味加減。

* 重點:凡事適量。

Morning Drink

以下介紹幾款我經常飲用的 Morning Drinks,色澤繽紛,對身體
有不同功效,選用自己喜愛的食材調配吧!

Pink：清熱抗氧促代謝

材料：

紅火龍果

士多啤梨

甜紅椒

苦瓜

大棗 / 無花果 / 椰棗

腰果

原味乳酪

做法：

1. 苦瓜及甜紅椒略灼；
2. 全部材料放入攪拌機攪拌即可。

Green：排毒補鐵抗衰老

材料：

羽衣甘藍

蘋果

梨

青瓜

鷹咀豆

大棗 / 無花果 / 椰棗

無糖杏仁奶

做法：

1. 羽衣甘藍、青瓜、鷹咀豆略灼；
2. 全部材料放入攪拌機攪拌即可。

Purple：高纖消脂健脾胃

材料：
紫椰菜
紅提子
西芹
青瓜
大棗 / 無花果 / 椰棗
紅腰豆
無糖杏仁奶

做法：
1. 紫椰菜、西芹、青瓜、紅腰豆略灼；
2. 全部材料放入攪拌機攪拌即可。

高纖消脂健脾胃（Purple）

排毒補鐵抗衰老（Green）

清熱抗氧促代謝（Pink）

Red：抗炎明目護心肝

材料：
紅菜頭、紅石榴、車厘茄、紅腰豆、杞子、自選營養粉、
水或無糖杏仁奶

杞子

紅菜頭

紅腰豆

紅石榴

自選營養粉

車厘茄

水或無糖杏仁奶

Yellow：美白養血癒身心

材料：
橙、香蕉、菠蘿、意式青瓜、南瓜、杏仁、薑黃粉、水

菠蘿

橙

香蕉

意式青瓜

薑黃粉

南瓜

杏仁

水

Orange：美顏降壓補精氣

材料：
蜜瓜、木瓜、甘筍、燈籠椒、雪耳、腰果、自選營養粉、水

蜜瓜

木瓜

雪耳

甘筍

自選營養粉

燈籠椒

腰果

水

早餐食譜

早餐 1

炒本菇、牛油果杞子、煎雙蛋、杏仁奶（加奇亞籽）

炒本菇

材料：
本菇、蒜頭

調味料：
黑胡椒、鹽

做法：
1. 本菇切去尾段，拆散備用。
2. 開火下油，中火預熱後先爆香蒜蓉，放入本菇炒香至軟身。
3. 待本菇收乾水分，灑入黑胡椒、鹽調味即可。

TIPS

- 本菇可不用洗，用廚房紙輕抹一下即可。
- 想惹味一些可加入味醂及料理酒調味。
- 以牛油代替煮食油起鑊也可（但注意牛油較易燶）。

149

TIPS

- 如時間不容許早一晚解凍，可煮食前 45 分鐘以鹽水略浸雞扒解凍。
- 雞扒本身有油分，煎時可不用下油，以雞皮向鑊面逼出油分。
- 如習慣加入生粉醃雞扒可隨意，但並非必要。

早餐 2

黃薑雞扒、炒滑蛋、西蘭花、車厘茄、杏仁奶（加奇亞籽）

黃薑雞扒

材料：
急凍雞扒

調味料：
基本調味料
黃薑粉

做法：
1. 急凍雞扒早一晚從冰格放在下層解凍（如時間許可，煮食前 3 小時以鹽水浸泡，辟除雪味）。
2. 雞扒洗淨，以廚房紙印乾水分，以基本調味料及黃薑粉醃 45 分鐘。
3. 中火預熱後，雞皮向下放入鑊，兩邊煎至金黃色，轉中細火，加蓋煎至熟透。

早餐 3

芝士焗啡菇、沙律菜、甜椒、烚蛋、杏仁奶（加奇亞籽）

芝士焗啡菇

材料：
大啡菇
三色椒
西蘭花
洋葱
椰菜花莖
水牛芝士
（Mozaralla Cheese）

做法：
1. 啡菇以廚房紙輕抹，切掉中間硬蒂。
2. 將三色椒、西蘭花、洋葱、椰菜花莖切碎，以攪伴器打碎。
3. 開鑊下油，以中細火把以上餡料炒香，鋪在啡菇上，灑上芝士。
4. 放入已預熱 180℃焗爐，焗 35 分鐘即可。

TIPS

- 餡料可隨意變更，我經常選用雪櫃餘下的食材。
- 啡菇不建議用水洗，如真的想洗，建議煮前一刻才洗。
- 芝士可隨個人口味轉換，以有拉絲效果較佳。

早餐 4
蔬菜蛋餅、杏仁奶（加奇亞籽）

蔬菜蛋餅

材料：
雞蛋 2 隻、奶 2 湯匙、薯仔半個、
田園蔬菜（任選幾款，多色）

調味料：
鹽、黑胡椒、味醂

做法：
1. 將蔬菜切碎，以鹽及黑胡椒拌勻。
2. 雞蛋拂勻，拌入奶，加入鰹魚汁 1 茶匙調味，下蔬菜粒拌勻。
3. 開鑊下油，排入薯仔片煎至半熟，倒入蛋漿，鋪上蔬菜，加蓋焗幾分鐘至熟，待微涼後切件即可。

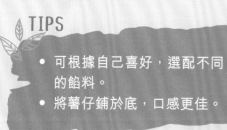

TIPS

- 可根據自己喜好，選配不同的餡料。
- 將薯仔鋪於底，口感更佳。

早餐 5

五穀小米粥、雞肉蘑菇洋葱奄列、青瓜、車厘茄、
杏仁奶（加奇亞籽）

五穀小米粥（可鹹吃或甜吃）

基本材料：
原片大麥片、三色藜麥、小米、押麥、燕麥糠、三色扁豆（按個
人口味選 2-3 款材料）

* 鹹吃（額外材料）
瘦肉或雞件

* 甜吃（額外材料）
圓肉、紅棗 / 大棗、植物奶 / 豆漿 / 全脂奶（隨個人口味選擇，無
糖更佳）

做法：
1. 凍水時，放入選好的基本材料（如烹調甜吃，此時加入圓肉、
紅棗或大棗），水分剛蓋過基本材料即可。
2. 以中火煮約 10 分鐘至水分略收乾。
3. 如鹹吃可加入瘦肉或雞件煮熟；甜吃可待水分略收乾，加入植
物奶、豆漿或全脂奶，煲至合適稠度即成。

TIPS

- 煲粥切記不能大火，否則容易滾至溢出。
- 如選用大棗，可剪幼才煮，較易出味。
- 圓肉、紅棗、大棗、椰棗、無花果、杞子
均屬天然糖分，養生有益，可隨口味選擇
加入粥內。

雞肉蘑菇洋蔥奄列

材料：
雞蛋 2 隻、奶 2 湯匙、雞肉、洋蔥、蘑菇各適量

調味料：
鹽、黑胡椒、味醂

做法：
1. 雞肉用鹽及黑胡椒輕輕調味備用。
2. 燒熱油，下洋蔥、雞肉及蘑菇炒熟，盛起。
3. 雞蛋拂勻，拌入奶，加入味醂 1 茶匙輕輕調味。
4. 將炒熟的洋蔥、雞肉及蘑菇拌入蛋汁拌勻，煎成奄列即可。

早餐 6

芭菲杯、鹽燒鯖魚、玉子燒、牛油果吞拿魚醬、菜苗、法邊豆、甜椒、煎豆腐、麥包、杏仁奶（加奇亞籽）

＊ 即將完成一週的低醣早餐，給自己一個獎勵，吃得好一點，來個低醣 all-day breakfast 吧！

芭菲杯

材料：
原味乳酪、士多啤梨、藍莓、香蕉、奇異果、藜麥脆粒、原味燕麥（Muesli）

做法：
1. 把水果洗淨、香蕉及奇異果去皮、切粒；士多啤梨切片。
2. 將材料逐層鋪好即可。

TIPS

- 留意部分原味燕麥含乾果，留意營養標籤的糖分。
- 水果有果糖，不宜過量食用，維持每日兩個拳頭分量。

155

鹽燒鯖魚

材料：
鯖魚

做法：
1. 鯖魚解凍，洗淨，
   以廚房紙印乾水分，灑少許鹽略醃 10 分鐘。
2. 開鑊下油，用中火煎至兩邊金黃色即可。

TIPS
- 煎魚切勿不停翻來覆去。
- 油溫熱力足夠，魚才不易黏底。

玉子燒

材料：
日本蛋
奶

做法：
1. 雞蛋拂勻，加少許鹽調味，下少量奶或水，令蛋更香滑。
2. 鑊面掃油，以小火加入蛋漿搖勻，保持小火慢捲，捲好後推向一邊。
3. 再於鑊面掃油準備做第二層，重複第一層的步驟，直至完成 5-6 層或全部蛋漿用完，切件即成。

- 油浸吞拿魚卡路里略高，如喜歡也可選用，或以沙甸魚代替吞拿魚。
- 牛油果選已熟透的；乳酪不要選太流質的款式。

牛油果吞拿魚醬

材料：
牛油果半個、水浸吞拿魚

調味料：
鹽、黑胡椒、檸檬汁、香料、低卡蛋黃醬 2/3 湯匙、乳酪 1 湯匙

做法：
吞拿魚隔去水，與牛油果肉放於大碗，搗成蓉，加入調味料拌勻，放於雪櫃作為塗麵包之用。

午餐食譜

午餐 1

洋葱煎雞扒、灼西蘭花、炒菜苗、太陽蛋、車厘茄

洋葱煎雞扒

材料：
急凍雞扒
洋葱
蒜頭

調味料：
基本調味料
黑胡椒

做法：

1. 急凍雞扒早一晚從冰格放在下層解凍（如時間許可，煮食前 3 小時以鹽水浸泡，辟除雪味）。
2. 雞扒洗淨，以廚房紙印乾水分，以基本調味料及黑胡椒醃 45 分鐘。
3. 中火預熱後爆香蒜頭，放入雞扒（雞皮向下），兩邊煎至金黃色後，轉中細火，加入洋葱炒香，待雞扒熟透即可。

159

午餐 2

豆腐本菇炒三色椒、煎三文魚柳、蒜蓉炒大白菜

豆腐本菇炒三色椒

材料：
硬豆腐、本菇、三色椒、洋葱或紫洋葱、蒜頭

調味料：
基本調味料、料理酒

做法：
1. 以中火下油，放入硬豆腐煎香至各表面至金黃色，盛起備用。
2. 下油爆香洋葱，放入本菇炒香，下蒜粒炒三色椒，加入已煎香的硬豆腐，灑入基本調味料及料理酒調味即成。

TIPS

嗜辣者可加入辣椒，以增加香味。

TIPS

包裝的青口通常已洗淨及半熟，略擦外殼即可烹調。

午餐 3

白酒煮青口、大蝦茶碗蒸、法邊豆

白酒煮青口

材料：
青口（包裝）、洋葱、蒜頭、香菇、白酒

調味料：
基本調味料、鰹魚汁

做法：
1. 青口略擦外殼的雜質，備用。
2. 以少量油爆香洋葱及蒜頭，放入香菇及青口炒香，倒入白酒，以基本調味料及鰹魚汁調味，加蓋，以中火煮 5 分鐘即成。

161

大蝦茶碗蒸

材料：
日本雞蛋、凍滾水、蝦仁、香菇、本菇

調味料：
鰹魚汁粉、味醂、鹽、胡椒粉、料理酒

做法：
1. 蝦仁用少量鹽、胡椒粉及料理酒輕醃 15 分鐘。
2. 雞蛋拂匀，加入鰹魚汁粉、味醂、鹽及凍滾水調匀，過篩兩次，撇走泡沫。
3. 茶碗內放入菇類及蝦仁，慢慢倒入蛋液，鋪上保鮮紙以中火蒸 7 分鐘，去掉保鮮紙，放上芫茜即成。

TIPS
- 茶碗蒸的材料可多元化，隨意使用雪櫃內的任何食材。
- 小心隔掉蛋液泡沫及蓋上保鮮紙蒸熟，雞蛋才會滑溜。
- 蛋與水的比例為 1 比 1.5（如蛋是 100g，水則是 150ml）。
- 如使用蒸爐，用 100 c 蒸 7 分鐘。

TIPS

- 瑤柱可選用細貝柱代替，味道同樣鮮甜。
- 保留浸瑤柱的水，加入烹調可提升鮮味。

午餐 4

蝦皮瑤柱浸芥蘭苗、銀魚乾杞子蒸雞、蓮藕炒豆乾

蝦皮瑤柱浸芥蘭苗

材料：
蝦皮或櫻花蝦
瑤柱或細貝柱
芥蘭苗

調味料：
基本調味料

做法：
1. 預先用凍滾水浸軟瑤柱，備用。
2. 芥蘭苗洗淨，摘去花。
3. 開鑊下油，用中細火炒香瑤柱，灒水，待水滾，放入基本調味料，下芥蘭灼熟，灑上蝦皮即可。

銀魚乾杞子蒸雞

材料：
雞件、冬菇、銀魚乾、杞子

調味料：
基本調味料、料理酒

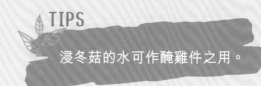

TIPS

浸冬菇的水可作醃雞件之用。

做法：
1. 冬菇浸軟，切絲備用；銀魚乾洗淨、浸軟；杞子略洗。
2. 雞件洗淨，以調味料醃 1 小時。
3. 雞件放於碟上，鋪上冬菇、杞子及銀魚乾，以中大火蒸 12 分鐘即可。

蓮藕炒豆乾

材料：
蓮藕、豆乾、乾葱、蒜頭

調味料：
基本調味料

做法：
1. 蓮藕洗淨，切片；豆乾切片；蒜頭剁成蓉。
2. 用少許油起鑊，爆香乾葱及蒜蓉，下蓮藕片及豆乾炒約 2 分鐘，加入基本調味料及少量水炒勻即成。

午餐 5

椰菜花偽炒飯、日式漢堡扒、麻醬菠菜

椰菜花偽炒飯

材料：

椰菜花、三色椒、洋蔥、豆腐乾、蝦仁、雞蛋、西蘭花莖、
蒜頭、葱

調味料：

昆布鰹魚湯、鹽

做法：

1. 椰菜花洗淨，切粒，放入攪拌機打碎。
2. 雞蛋拂勻，下油用中火煎好，切成蛋絲備用。
3. 三色椒、洋蔥、豆腐乾、蝦仁、西蘭花莖切成喜愛的大小。
4. 起鑊炒香洋蔥至軟身，加入蒜頭爆香餘下的材料，調至大火，加入椰菜粒碎炒香，倒入昆布鰹魚湯，加蓋，轉慢火燜焗椰菜花約 10 分鐘至熟透，加少量鹽調味，灑上葱花即成。

TIPS

- 昆布鰹魚湯要逐少加入，以免令材料太濕。
- 材料可隨意選配，查看雪櫃有甚麼便用甚麼了。

市面有售紫色、橙色椰菜花，
可煮成色彩繽紛的偽炒飯。

日式漢堡扒

材料：
免治肉、洋蔥、雞蛋、原片大麥片、蘑菇

漢堡調味料：
鹽、糖、黑胡椒、料理酒

漢堡做法：
1. 洋蔥切碎，用中火炒至金黃色，備用。
2. 免治肉放入大碗，加入洋蔥、雞蛋、鹽、糖、黑胡椒、酒及燕麥碎拌勻，搓至起膠，分成三份。
3. 取其中一份肉，用兩邊手掌互拋以排出空氣，其餘兩份同樣製作。
4. 熱鑊下油，放入漢堡扒煎一面至金黃色，反轉另一面，轉中小火加蓋煎焗 5-8 分鐘，伴醬汁享用。

TIPS

- 漢堡扒可選牛、雞或豬肉烹調。
- 素食者可選用秀牛肉或新肉絲製作。
- 醬汁可使用自己喜愛的調味料，如日本醬油、茄汁、日式喼汁等代替。

醬汁材料：
洋蔥絲、蘑菇條

醬汁調味料：
紅酒、味醂、鹽、糖

醬汁做法：
熱鑊下油，下洋蔥及蘑菇炒香，加入紅酒煮滾，灑入鹽、糖、味醂調味，煮至理想的濃稠度即可。

午餐 6

淮山蟲草花炒翠玉瓜、大蜆葱花蒸水蛋、白灼蝦

淮山蟲草花炒翠玉瓜

材料：
鮮淮山
翠玉瓜
蟲草花
乾葱
蒜頭

調味料：
基本調味料

TIPS

淮山有紫淮山及白色淮山，切開後有潺液，皮膚接觸後可能痕癢，宜戴手套處理。

做法：
1. 蟲草花用水浸軟，備用。
2. 淮山、翠玉瓜去皮，洗淨，切成喜愛的大小；蒜頭剁成蓉。
3. 用少許油起鑊，爆香乾葱及蒜蓉，下淮山及翠玉瓜炒至軟身，加入蟲草花、基本調味料及少量水炒勻即成。

大蜆葱花蒸水蛋

材料：
大蜆
雞蛋
葱
高湯（選用）
凍滾水

做法：
1. 大蜆洗淨，吐沙備用。
2. 大蜆用蒸爐蒸至開口（或用高湯煮），保留蜆水，煮好的蜆及蜆水略放涼（如溫度太熱，撞入蛋漿時會變成蛋花）。
3. 蜆水隔沙，加水或高湯拌成蛋液 1.5 倍的水量，放入大蜆，用蒸爐 100℃ 蒸 7 分鐘或隔水蒸 10 分鐘，灑入葱花即成。

TIPS

- 蛋及水的不敗比例是 1 比 1.5。
- 蜆水帶鹹味，不用下鹽調味。蜆水可提升整道菜式的鮮味。
- 預先煮熟蜆可防止已死的蜆破壞整道菜；不要食用未開口的大蜆。
- 將蛋液隔篩或用匙羹舀起氣泡，使蒸蛋更嫩滑。
- 蒸蛋前封上保鮮紙，防止倒汗水或蛋液不斷受熱而發脹成凹凸洞。

原形澱粉質食物

在 Weeks 3、4、7、8 的飲食計劃中,可以嘗試加入原形澱粉質食物,甚麼是原形澱粉質食物?新手朋友可能未必認識,以下我介紹幾款簡單的原形澱粉質食物,希望能夠給你們一些煮食的新靈感,自行配搭。

醬漬牛蒡

材料:
牛蒡、檸檬、炒香芝麻

醬汁:
鰹魚汁、味醂、日式醬油、糖、料理酒、麻油(以黑麻油更香)

做法:
1. 牛蒡去皮、切絲,放入鹽水內或用檸檬汁以防氧化變黑。
2. 醬汁煮滾,加入牛蒡以中大火煮 3 分鐘,轉小火煮 45 分鐘,熄火,焗一會至個人喜歡的入味程度(或放入密封食物盒浸泡一晚)。
3. 食用時加入炒香的芝麻,風味更佳。

燴番薯

番薯纖維高，而且
營養豐富，是理想
的原形澱粉食物。
只需要包好錫紙放
入焗爐，隨時可享
用優質的澱粉質。

紅菜頭蘋果紅腰豆沙律

紅菜頭味道清甜，含大量維他命 B_{12} 及鐵質，有抗氧化之功效。
簡簡單單地拌入蘋果、紅腰豆、粟米及羽衣甘藍，以油醋汁或紫
蘇葉汁拌吃，是一道清新可口的理想食物。

三寶湯

我喜歡用蔬菜、海鮮煮成美味的濃湯，連湯料吃一碗，加倍營養及美味指數。

南瓜海鮮湯

材料：
南瓜、洋葱、豆腐、蝦仁、
帶子、青口、砂爆魚肚、
薑片、蒜片、無糖豆漿或杏仁奶

調味料：
黃薑粉、鹽、味酥、胡椒
粉或紅椒粉、乾香草

做法：
1. 南瓜洗淨、切片；洋葱切絲。
2. 急凍海鮮加鹽去掉雪味，10 分鐘後沖水洗淨，吸乾水分。
3. 魚肚用水浸軟身，飛水備用。
4. 燒熱油，下薑片及蒜片爆香，加入南瓜片、洋葱爆香，加少許味酥調味，炒香後加水煮 10 分鐘。
5. 將半份湯料放入攪拌機或破壁機打勻，倒回鍋內煮熱，加入黃薑粉後下無糖豆漿。
6. 南瓜湯煲好後，加入豆腐、魚肚及海鮮，按個人口味以鹽、胡椒粉及香草等調味。

TIPS

南瓜湯加入無糖豆漿等
同煮，增加綿滑的口感。

勝瓜大蜆豆腐湯

材料：
勝瓜、大蜆、豆腐、秀珍菇、蝦米、雲耳、百合、薑、蒜頭

調味料：
清酒、鹽

做法：
1. 勝瓜去皮，洗淨切好；蒜頭剁成蓉。
2. 大蜆浸鹽水吐沙 1 小時。
3. 蝦米及雲耳用水浸泡；百合撕開，洗淨。
4. 用中火燒熱鍋，加少許油，下薑片及蒜蓉炒香，加入勝瓜、蝦米、雲耳、秀珍菇及清酒炒香，灒入適量滾水煮滾。
5. 加入蜆煮至開口，下豆腐及百合略煮，最後加少許鹽調味即成。

雜菜湯

材料：
紅菜頭、番茄、西芹、椰菜、紫椰菜、
洋蔥、蒜頭

調味料：
鹽、黑胡椒、橄欖油

做法：
1. 所有材料去皮，洗淨，切件。
2. 熱鑊下油，爆香洋蔥及番茄至香
   味散出，加入蒜頭炒香，灒水，加
   入其他材料，再倒入水蓋過材料。
3. 煲至滾後，轉中小火煲約 45 分鐘，最後下鹽、橄欖油及黑胡
   椒調味即可。

新手三寶

減醣新手常常會為吃哪些食物而苦惱不已，以下介紹幾款簡單又
營養豐富的減醣美食，絕對適合新手人士作為入門必試食物。

白菜鍋

材料：
旺菜、紫白菜、
豬肉片、豆腐、
蒟蒻麵、海帶、
杞子

調味料：
鰹魚汁、麻油、
凍滾水

做法：
1. 紫白菜、旺菜洗淨，旺菜和紫白菜
   中間夾放一塊豬肉片，切成三份。
2. 鍋內整齊地排入旺菜豬肉件、蒟蒻
   麵、豆腐及海帶，加入鰹魚汁、麻
   油和約一飯碗水。
3. 大火煮滾後，調至中細火，灑入
   杞子，加蓋煮 10 分鐘，熄火，焗
   3-5 分鐘即成。

大蝦田園蛋餅

材料：
大蝦 4 隻、雞蛋 2 隻、奶 2 湯匙、田園蔬菜（秋葵、車厘茄、洋蔥）

調味料：
鹽、黑胡椒、味醂

做法：
1. 蔬菜切片，以鹽及黑胡椒拌勻。
2. 雞蛋拂勻，拌入奶，加入鰹魚汁 1 茶匙調味，下蔬菜粒拌勻。
3. 開鑊下油，倒入蛋漿及鋪上蔬菜，加蓋焗至大蝦熟透，待微涼後切件即可。

TIPS

- 處理山藥時配戴手套，以免皮膚痕癢。
- 最後可灑上炒香的白芝麻，更添風味。

豆腐沙律

材料：
蒸煮滑豆腐、納豆、山藥（日本准山，可即食）、秋葵、梅乾、
即食紫蘇昆布

調味料：
醬油 / 柚子沙律汁 / 紫蘇沙律汁

做法：
1. 將秋葵放入滾水燙 1 分鐘，待涼，去蒂，切成小粒備用。
2. 山藥去皮，磨成蓉；納豆用筷子拌至起絲。
3. 將秋葵、山藥、納豆、梅乾、紫蘇昆布、醬汁放在蒸煮滑豆腐
   上，拌勻後即可食用。

必試美食

減醣的飲食生活可以多姿多采，我曾經為大家介紹以下兩款必試美食，包含多種蔬菜、蛋白質，很受大家歡迎，而且製作簡便，朝早包捲後帶回公司，也適合上班族午餐之選。

生菜漢堡

材料：
西生菜、雞蛋、番茄、洋蔥、芝士、火鍋梅肉片、硬豆腐、甘筍

調味料：
低卡沙律醬 / 芝麻醬、鹽、黑胡椒

工具：
大碗 1 隻（可完整地放入生菜塊）、保鮮紙 2 張

做法：
1. 西生菜原塊撕出，以食用水洗淨。
2. 起鑊下油，煎熟火鍋梅肉片及硬豆腐，加少許鹽及黑胡椒調味。
3. 預備玉子燒，切條（做法參考 p.157）；洋蔥炒香備用。
4. 碗內先鋪一張保鮮紙，十字相疊地鋪上 2 塊西生菜，擺放位置以容易捲起為佳。
5. 鋪上煎熟的火鍋梅肉片（留半份放面），逐層放入其他材料，加少量低卡沙律醬、鹽、黑胡椒調味，最後鋪上火鍋梅肉片，蓋上西生菜，以保鮮紙包實生菜包按壓餡料定形，以熟食砧板切開。

直播重溫

TIPS

- 盡量保留原塊生菜，十字相疊放於保鮮紙上。
- 將容易整形的食材放於碗面及碗底（如梅肉片），切出來的外形較美觀。
- 如想有較佳的視覺效果，玉子燒放中間，並記着擺放的方向，橫切面的效果更佳。
- 包壓時，要用力壓實餡料及保鮮紙，不要鬆散。
- 材料隨口味而變化，牛肉片可代替梅肉片。
- 使用自製的漢堡扒也可（外購的漢堡扒因成分不明，不建議於減磅期間食用）。

紫菜漢堡

材料：
壽司紫菜 1 張（大塊）、沙律菜、洋葱、
番茄、甘筍、雞蛋、硬豆腐、豬肉片、
十穀飯、芝士片

做法：
1. 沙律菜洗淨，以食用水略沖。
2. 洋葱及甘筍切絲；番茄切片；雞蛋煎成蛋塊。
3. 起鑊下油，煎熟豬肉片及硬豆腐，加少許鹽及黑胡椒調味。
4. 紫菜鋪好，在下沿的中間位置剪至一半，將材料分為四格，鋪上不同的食材。
5. 將左下角先向上覆好，整份再向右邊相疊，最後覆上右下角，完成。

 TIPS

- 剛煎好的材料要待涼才包覆。
- 太濕的食材建議抹乾水分，或墊上沙律菜，以免紫菜沾濕變脆。

碟頭飯

日常忙着返工返學，處理家務湊小朋友，碟頭飯絕對是輕便午餐的好選擇，以下介紹四款容易又好營養的碟頭飯，會是你的心頭好！

日式洋葱牛肉飯配水波蛋

材料：
火鍋牛肉片（可用豚肉片或雞肉代替）、洋葱、甘筍（可選配）、雞蛋、十穀飯

醬汁：
鰹魚汁 / 日式高湯、醬油 / 生抽、味醂、清酒、料理酒、水

TIPS

- 素食者可以新肉絲或秀牛肉代替牛肉。
- 減醣者可用椰菜花做成偽飯底。
- 也可選用芋絲或蒟蒻麵代替飯。

水波蛋做法：

1. 將雞蛋打進小碗或小碟。
2. 深鍋內加水煮滾，離火或轉小火，加入少許鹽及白醋，以大湯匙順時針攪拌形成漩渦，於漩渦中心位置慢慢倒入雞蛋，在外圍輕輕打圈攪動，待蛋黃至喜愛熟度即可。

做法：

1. 洋葱切絲；甘筍切成花狀。
2. 將牛肉片放入滾水燙 10 秒。
3. 燒熱油，放入洋葱炒香，加入甘筍及已調味醬汁煮至微稠狀，下牛肉煮至理想汁量，盛於飯面，伴水波蛋享用。

直播重溫

好味十穀飯

材料：
十穀米、牛肝菌或其他菇類

調味料：
日式麵豉湯 / 鰹魚湯 / 昆布湯

做法：

1. 十穀米用水浸 1 晚，洗淨，以調味料作為煮飯水分，米與湯的比例需比平時多（約 1 比 1.2）。
2. 牛肝菌快速沖水，去淨泥沙，用暖水浸 30 分鐘，加入飯鍋內煲煮。

番茄豬扒飯

材料：
豬扒
番茄
洋蔥
芝士碎
無糖奶
蒜頭

調味料：
鹽、糖
黑胡椒
生粉

做法：

1. 豬扒解凍，洗淨，抹乾水分，以基本調味料醃 1 小時。
2. 番茄切件；洋蔥切絲。
3. 起鑊下油，放入豬扒煎至兩邊金黃色至熟透。
4. 燒熱油，下洋蔥、番茄及蒜蓉炒香，加少許水、鹽、糖煮至洋蔥軟身。
5. 盛起半份洋蔥及番茄、半份汁，加入 1/4 無糖奶於攪拌機打成蓉，放回鑊內，加芝士碎及黑胡椒調味，伴豬扒及十穀飯享用。

TIPS

如番茄醬汁太稀，可一併加少許生粉於攪拌機，受熱後醬汁會變得濃稠。

親子丼飯

材料:
急凍雞扒 1 塊
紫洋蔥半個
雞蛋 2 隻
蔥

雞扒調味料:
鹽
糖
生抽 / 日本醬油
麻油
料理酒
黃薑粉(可選用)

湯汁調味料:
日式高湯 / 昆布湯 / 鰹魚汁(加水)80ml、醬油 /
生抽 20ml、味醂 20ml

做法:
1. 急凍雞扒解凍,用鹽醃約 10 分鐘,沖走鹽
   分,輕壓水分或用廚紙吸乾,下調味料拌勻。
2. 蔥切成蔥白及青蔥部分,洗淨,切好備用。
3. 雞蛋輕輕拂勻(見蛋白及蛋黃)。
4. 燒熱油,下雞扒(皮向下)煎至金黃色,盛
   起,切件。
5. 在小型平底鑊燒熱油,下洋蔥炒香,加入湯
   汁料煮至透明狀,加入雞件煮熟,蛋液分兩
   次倒入,撒下蔥,加蓋,轉中小火煮約 2 分
   鐘即成。

粟米魚柳飯

材料：
急凍魚柳、洋葱、芝士、無糖奶、粟米粒、蒜頭

調味料：
鹽、胡椒粉、黑胡椒、生粉、糖

做法：
1. 魚柳解凍，洗淨，抹乾水分，以鹽及胡椒粉略醃半小時。
2. 燒熱油，魚柳撲上少許生粉，煎至兩邊金黃色。
3. 預備另一個鍋，燒熱油，下洋葱、粟米粒、蒜蓉炒香，加入少許水、鹽、糖煮至洋葱軟身。
4. 盛起半份洋葱及粟米粒、半份汁，加入 1/4 無糖奶於攪拌機打成蓉，放回鑊內，加芝士碎及黑胡椒調味，配上魚塊及十穀飯食用。

TIPS

如粟米汁太稀，可一併加少許生粉於攪拌機，受熱後醬汁會變得濃稠。

在家炮製的早、午餐，有豐富蛋白質及蔬菜，吃得飽飽又營養有益。

第六章

你得我得
新手入門篇

消除疑慮，
為理想健康積極行動

6.1
減醣新手疑惑 Q & A

很多人聽過「低醣飲食」之後，也被其好處深深吸引，但礙於不同原因總是未能踏出第一步。好不容易終於踏出第一步試行了，於初期進行「你得我得低醣飲食減肥法」時，都會感到有點疑問：「我應該如何開始？」「我遇到的困難只有我才會發生嗎？」

不用擔心，FB 群組「你得我得行動組」運作了超過一年，這篇章將會輯錄組員常見的問題，讓大家於執行前可以先了解，使日後能更快掌握新的飲食模式。

執行初期遇到的身體狀況

只要跟足飲食比例，保持營養均衡及食物多元化，低醣飲食是很溫和的飲食方法。但因每個人的體質及詮譯同一飲食方法也不同，有些人於改變飲食方法之初期也許會出現以下情況，不用太擔心，可以看看情況再作調整：

Q1　我的脫髮問題好像嚴重了？

A：　我於進行整個低醣飲食減肥時，並沒有出現過脫髮問題。然而由於每人體質、適應力也不同，有機會是飲食比例不均勻所致，蛋白質及礦物質也攝取不足，建議可到群組上載日常飲食相片，讓經驗豐富的組員先幫忙檢視餐單，同時可選擇補充微量元素和綜合維他命。

同時留意辦公室的水機是否蒸餾水，因喝太多蒸餾水也有機會引致脫髮，所以要注意礦物質補充。此外，也要注意是否因減重而有壓力？作息是否不定時？這些也是脫髮的原因之一。在中醫角度，脫髮也有可能是腎及肝的問題。請放輕鬆，跟着我的方法修正飲食比例，一定可以健康輕鬆地落磅！

Q2　我開始便秘？

A：　低醣飲食初期會流失水分，建議多飲水，還要觀察是否攝取足夠優質油脂，煮食方法是否過度走油？平常抗拒油脂？不敢多吃脂肪食物？此外，有吃足夠的蔬菜嗎？若油分及纖維攝取不足，腸道蠕動會變慢，是有機會出現便秘的。

Q3　我好像有抽筋的情況出現，怎辦？

A：　如飲食攝取不足夠鈣、鉀、鎂，有可能引起抽筋。請檢視日常餐單有否缺乏礦物質？可以補充含量高的食物：

微量元素	豐富食物來源
鈣	奶製品、黑芝麻
鉀	莧菜、番茄、番薯、香蕉
鎂	海鹽、堅果、全穀類、三文魚

Q4　為甚麼我經常口渴？

A：　開始改變低醣飲食模式時，新陳代謝會開始產生變化，我們的能量使用路徑由葡萄糖轉為使用脂肪，首階段流失的磅數多為水分而非脂肪，因肝臟的葡萄糖會以肝糖或糖原（Glycogen）的分子形式儲存，這些分子經常與水結合一起；當你首次開始低醣飲食時，身體原本儲存的糖原會隨着它附帶的水分，一起被釋放和分解。此外，低醣飲食令胰島素水平穩定，令腎臟排泄更多鈉而帶走水分，讓礦物質也跟着排出體外，電解質不平衡而容易感到口渴。如有此情況，可多補充水分，並留意礦物質是否攝取過少。綠葉菜類有豐富的微量元素，要多攝取蔬菜。

Q5　我出酮疹嗎？

A：　酮疹又名「色素性癢疹」，部分人因碳水化合物吸收減少、飲食比例不正確或蛋白質敏感而引起皮膚狀況。請先慢慢調整碳水化合物的攝取量，可逐日減少，毋須一下子拒絕所有澱粉質。一般只要按照建議在 Open Day 如常攝取澱粉質，以及按照計劃適當地進食補充原形澱粉，是甚少機會患上酮疹的。如情況嚴重，可先諮詢醫生意見。

Q6　我不吃澱粉質會頭痛，怎麼辦？

A：　有些組員分享首星期不吃澱粉質會頭痛，這是身體過度期的正常適應反應。如有此情況，不用一下子全戒掉澱粉質，可逐日減少分量讓身體慢慢適應。

Q7　Open Day / Open Week 後，腸胃會不適嗎？

A：　由於身體習慣了低醣飲食，腸胃負擔輕鬆了，一時未及分泌足夠脂肪酵素，故部分組員於 Open Day / Open Week 進食粥粉麵飯後會出現腸胃不適的問題。循序漸進吧！不用急，而且 Open Day 也不宜太放縱，不要暴飲暴食！

Q8　Open Day / Open Week 後，體重會反彈嗎？

A：　Open Day / Open Week 放鬆心情去吃，翌日上磅體重較高是正常的。只要明白低醣飲食的概念，之後可如常落磅。不要灰心！我們是看長遠的結果。Open Day 放心做回自己，吃自己想吃的東西，放鬆不放縱便可！

Q9 低醣飲食後，為甚麼膽固醇情況未改善？

A: 膽固醇於低醣飲食 3 至 6 個月後才能反映情況，如只完成 1-2 個週期，未必能準確反映情況，有可能是上半年的飲食模式之結果，於低醣飲食半年後才做身體檢查較實際地反映成效。

可是，膽固醇問題不宜拖，可諮詢醫生意見是否需靠藥物控制，也應做血壓、血糖檢查及配合運動控制。

Q10 運動後為甚麼會增磅？

A: 運動後增磅是有機會肌肉量增加了！運動不僅消耗脂肪，還提高了骨骼密度，增加肌肉質量、體積和肌肉功能，提高了肌肉在身體成分中的比例。

相同重量的脂肪和肌肉，前者所佔體積比肌肉大 3 倍。如果減肥者的身體減少了相同體積的脂肪，卻增加了相同體積的肌肉，脂肪會帶給你臃腫，而肌肉就不一樣，肌肉會帶給你結實的感覺。因脂肪與肌肉的結構特性，肌肉增加，體重必然上升，大家不必太在意數字，要看整體身形的脂肪比率。

Q11 生理期間體重反彈是正常嗎？

A: 女性於生理期前，黃體素會增加，容易出現水腫的情況，這時體重增加 1 至 2 公斤是很常見，故不用太驚訝！維持原本的低醣飲食就可以了。若生理期不適，很想吃些東西慰藉一下自己，可吃少量黑朱古力。如破戒了也不用擔心，之後再調整飲食，心靈健康也非常重要，總之不要有壓力！

Q12 常聽説「生酮飲食」，它與「低醣飲食」有甚麼分別？

A： 「生酮飲食」與「低醣飲食」的運作原理相似，都是限制碳水化合物的攝取量，讓身體大量燃燒脂肪作為能量來源，此時的脂肪代謝會產生酮體，逼迫身體的能源系統從原本使用葡萄糖轉換為使用酮體，可達到快速減脂的效果。

「生酮飲食」的碳水化合物建議攝取量，比「低醣飲食」有更嚴格的限制：

	低醣飲食	生酮飲食
醣類（%）	25-45	5-10
脂肪（%）	35-45	70-75
蛋白質（%）	20-30	20

於「生酮飲食」原則下，基本上吃一個水果已可能超出一日應攝取的碳水化合物，除非以後不吃碳水化合物，否則於日常生活中相對較難執行「生酮飲食」。

Q13 我不能吃澱粉質嗎？

A： 當然不是！低醣飲食的概念是減少精緻糖及精緻澱粉質。我們可以吃原形澱粉質如糙米、小米、藜麥、南瓜、番薯等代替傳統的粥粉麵飯。

記着！不能完全不吃澱粉質啊！

Q14 到底要吃多少分量才對？

A： 「你得我得低醣飲食落磅計劃」較着重比例多於分量。分量因人而異，一般建議至少吃得飽，不要節食；但纖維、碳水化合物、脂肪、蛋白質的比例一定要正確，才可達到理想又營養均衡的落磅效果。

Q15 晚餐是否只可吃蔬菜？

A： 晚餐愈清淡，落磅效果愈佳。油脂也很重要，可吃炒菜。如身體初期不適應，加點蛋白質如肉類或豆品類進食。

Q16 Open Day 是否必須安排在星期天？

A： 不是，每人作息時間不同，可自己選定一天開始，連續進行六天低醣飲食，第七日給自己休息一天（Open Day），吃自己想吃的東西，也可讓身體適應醣的吸收，以免日後體重反彈。Open Day 翌日上磅也要管理期望，不要給自己太大壓力。

Q17 我的減磅效果很好，可否跳過 Open Day 或 Open Week？

A： 如我於第三章所説，Open Day 及 Open Week 是讓身體休息，讓細胞記憶着醣分吸收，避免日後吃醣時體重反彈，而且熱量反差對衝破平台期也偶有幫助，故 Open Day 及 Open Week 有其存在之必要意義，不建議跳過而往下一週期。

Q18 我不喜歡喝水，可以喝無糖茶或咖啡代替一日的攝水量嗎？

A: 不可以。你可如常喝無糖茶或咖啡，但不計算為日常攝水量。只有水分才能為身體排毒及促進新陳代謝。如不習慣喝水，初期可加 1-2 片檸檬，待習慣後可以清水代替。

Q19 我可以飲湯代替喝水嗎？

A: 不建議。很多時湯料有額外的醣分，平常建議選擇素湯，而老火湯可以在 Open Day 時享用。若是長輩不能推卻的心意，盡量安排於午餐飲用，能夠盡量避去油分攝取量就更理想。

Q20 我可如常使用調味品嗎？

A: 適量使用調味料，不要過量即可。此外，可用原糖代替白砂糖。天然甜味劑如羅漢果糖、甜菊糖、赤藻糖，在處理特定食物時可使用，是較人工代糖較為理想之選。

Q21 為甚麼先吃蛋白質，然後才是蔬菜、澱粉質呢？

A: 蔬菜的消化時間較蛋白質長，蛋白質有飽腹感，較快分泌消化酵素，先吃蛋白質可幫助蔬菜的消化，最後才吃澱粉質，會保持較平穩的血糖，減少醣類吸收，不易發胖。當然這是參考，你也可混合來吃，但如想落磅效果好，澱粉質仍建議較後才吃。

Q22 我不懂煮食，外食能配合低醣飲食嗎？

A：　進行低醣飲食要控制好吸收的醣分，親自下廚是最理想的方式。現代人工作繁忙，不用給自己壓力，外食時避開精製澱粉類、避免芡汁，建議多選擇可吃到原形食物、能點不同菜式的餐廳。西餐、車仔麵、自助餐、火鍋店、便利店也是不錯的選擇，可參考第五章的外食建議。

Q23 我於低醣飲食前已戒吃白飯，落磅效果會有影響嗎？

A：　由於身體已適應了減醣，比較起來其落磅的效果可能沒那麼快及明顯，但不用跟人比較，因為低醣飲食也是建立健康的體魄，為自己的健康堅持下去吧！

Q24 素食者可以進行低醣飲食嗎？

A：　當然可以！素食者可透過多攝取植物性蛋白質代替肉類，菇類如冬菇、蘑菇；豆類如鷹咀豆、毛豆和豌豆也是很好的選擇。只要選對食物，素食者一樣可以減得健康！

Q25 我的磅數沒有明顯下降，但衣服寬鬆了，正常嗎？

A：　磅數只是一個參考數值，體脂比例也非常重要，低醣飲食是減少體脂的有效方法，不要心急！給自己多些時間，仔細記錄一下飲食清單，按身體情況調整，成效一定會越來越好。

6.2
減醣新手的成功分享

「你得我得低醣飲食落磅計劃」能有效減重，幫助建立健康的身體，於 FB 群組「你得我得行動組」 已有無數成功的例子，跟大家分享一下他們的親身實證，從中你會有所得着。

鼓舞成績：Cycle 1 共減 18 磅

 Edward Lau ▶ 你得我得行動組 by Skye

【奶茶愛好者及經常外食者的喜訊】
目標一個月減 20 磅！由於工作繁忙，好多時都不可能在家煮食，只可外面食早餐及午餐，另外我每日必須飲一杯奶茶，沒飲到那天個頭會痛到爆炸！腦袋無法運作！但幸好倩揚説奶茶可以照飲但不加糖一樣可以。我每日吃的東西可能跟大家不同，但又可能同其他爸爸出街食的東西一樣，都係最緊要食得飽，不要令自己肚餓，飲水是我的重點。相信各位爸爸都不想肥過架電單車、瘦過架貨車。

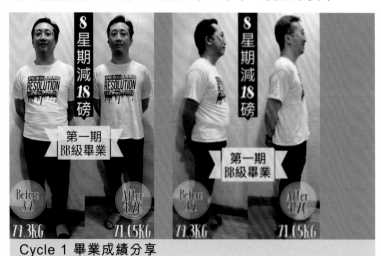

Cycle 1 畢業成績分享

Edward Lau ▶ 你得我得行動組 by Skye

【我的低醣餐單】經常外食也一樣可以成功落磅

了解更多關於 Edward 的分享

Karly Lau ▶ 你得我得行動組 by Skye

累減 30 磅仍需努力，離我理想目標尚有一段距離。Cycle 2 除了天天做 big big 操的深蹲，只做了幾次其餘的兩個動作，最難減掉的臀部瘦了許多。

很多組員問我如何令水、蛋白和基礎代謝率（BMR）達標，開始了第二階段，因為 8 小時內進食的關係，習慣了吃兩餐或第三餐還是 5-6 時已吃光，自己多了喝水，身體有足夠時間消化和產生消脂物質，出現「蛋白上升」的現象（是我猜想，暫未有具體文章證實）。緊記要吃得飽，否則量不夠令 BMR 指數不平衡，也體現了倩揚的「吃得啱吃得飽」，BMR 自然合標準。

剛起步的組員，不用急進行 8 小時內進食，否則未找到「啱」的食物就被卡在平台期，很傷腦筋的。只要每天以兩種蔬菜為主菜（40-60%）（約 2 棵原形菜 / 2 大碟菜），加上 40% 植物和動物蛋白質，如豆漿 + 種子（或堅果）+ 雞 + 魚扒 + 蝦仁（或帶子或櫻花蝦）+2 隻烚蛋 + 一盒豆腐，按自己蛋白上升指數作調整。牛和豬等紅肉較高脂，可選一至兩天進食。希望您們找到「啱」自己的食物，享受健康身體帶給自己的好處。

Cycle 2 畢業成績分享

Karly Lau ▶ 你得我得行動組 by Skye

【我的低醣餐單】

了解更多關於 Karly 的分享

Jenny Li & Andy Wong ▶ 你得我得行動組 by Skye

Jenny Li： Cycle 1 體重 92.5kg，8 星期後 86.3kg（-6.2kg, 13.6 磅）

Andy Wong： Cycle 1 體重 94.8kg，8 星期後 84.9kg（-9.9kg, 21.7 磅）

我們 Cycle 1 畢業啦！兩公婆一共減了 35 磅！It's amazing! 肥足 40 年，只是用了 8 個星期，我們就減了 35 磅！

為甚麼今次成功，對於我和 Andy 來說，絕對是「找對方法！」我們想分享一下 8 個星期以來的心聲：

有得有失：可能會覺得有些食物不能吃，好像失去了些東西！但其實有其他代替品，一樣可以食得開心。

這個方式減得自然：這 8 個星期以減醣方式減肥，真係好輕鬆。不需要給自己壓力，自然就會瘦！

磅數升了，不要介意：對！這 8 個星期磅數會上上落落，昨日落磅，今日又升了 0.5kg？是否飲不夠水？是否生理期？是否 Open Day 吃得太放縱？有好多原因……只要知道答案，改變一下，跟着大原則，一定會瘦下來！

倩揚這個減肥方法，不只得 3 個 Cycle！是一世的！

我絕對相信這個方法，完全改變我們的飲食習慣，變得更健康，在群組學到的，會終身受用！

我真正體會到，倩揚每樣東西都細心研究才分享給我們，不會隨便推介，我相信好多人都感受到！

各位朋友，這裏真是「你得我得」！

Cycle 1 畢業成績分享

Jenny Li & Andy Wong ▶ 你得我得行動組 by Skye

【我們的低醣餐單】

了解更多關於 Jenny & Andy 的分享

6.3
組員的話

感謝各位組員的誠意分享，由於留言數量眾多而版面有限，只能刊出部分留言，有興趣的朋友可到「你得我得行動組 by Skye」群組細閱更多組員的話。

Kayee Yip

食得啱、食得飽、肯堅持，一定得！我成功減咗 25 磅！多謝倩揚令我認識這個減肥方法！瘦咗真係好開心！

Mary Choy

我成日想開始，見到很多成功個案反而令我擔心自己會失敗，有壓力，遲遲未敢開始。見倩揚努力令大家明白，又用心示範餐單令我好感動，我決定開始盡力試吓。多謝倩揚及大家！

Nicola Ip

像是奇蹟一樣，我不算很成功，但我成功了！用了 4 個月時間踢走 10kg。多謝倩揚的減重三寶其中一寶——決心，拿起勇氣踏出第一步，原來就這麼輕鬆地開心食、輕鬆減、飽住瘦。除感謝倩揚帶出健康飲食，分享學到的知識，也多謝團隊不辭勞苦。

Sa Li

多謝倩揚,雖然磅數減得不多,但買食物時會看清楚食物標籤,尤其學識如何分辨醣、鈉的分量。

Semiko Wong

我看了這個群組 3 個月,融會貫通後,由上年 6 月開始至現在,已經減咗大約 18 磅,感謝!

Tiffany Tiff

沒有倩揚及各組員並肩作戰,好難 keep 到一年多,由 3XL 碼減至 L 碼,習慣了健康飲食,身體健康,人也精神,皮膚也靚咗。現在轉為 168 飲食+每日跑步,希望自己再有突破,繼續美麗!

Toby Li

經過 3 個 Cycle 脫胎換骨的我,輕鬆甩咗 20 幾磅,最神奇連多年嘅皮膚病、近來的五十肩也突然好番,所以食啱食物及喝足夠水是很重要。多謝倩揚帶給組員健康訊息,請嘉賓訪問解答並兼做教煮,在此衷心感激!

Tracy Lam

多謝倩揚的分享,真係輕鬆減,又可以食得飽。我用咗 6 個月完成 3 個 Cycle,減咗 11kg。

Wing Wing

好想多謝倩揚,教識我這個又健康又有效又飽住瘦的減肥方法,令我由一年前 168 磅,進行了 3 個 Cycle 後減咗 50 幾磅,現時體重 115 磅,令我有一個全新嘅自己,無論外表健康或心靈,多謝你令我搵返自信,鍾意自己!

推薦大家加入「你得我得行動組 by Skye」,這個減肥方法是我試過最有效的方法,其實是一個好健康的飲食方法,開心食飽住瘦輕鬆減。

李韻霖

倩揚準備了很多資料,令我對飲食、食物種類、健康都有更多認識,完成 3 個 Cycle 成功減了差不多 33 磅,由大碼 size 減到着細碼 size,令自己多了一份自信。衷心多謝倩揚、陳生、Debbie 及「你得我得行動組」團隊!

塵聞敵

由 125 磅減至 107 磅！謝謝情揚！

作為一個雙職媽媽，無論在職場、家庭上有各種無限的壓力。在情揚的無私分享，還有戰友不停的鼓勵，我最大收穫是跟隨這個飲食模式，人健康了、正面了，停止了每天飲酒的壞習慣，家庭關係也和諧了。謝謝 Skye Chan，祝新書大賣！

Alice Chu

入組後發現好多 mission impossible 可以變成 possible mission。Impossible 飲幾 liter 水，變到追水飲；impossible 唔食粉麵飯麵包，都可以飽到好滿足。多謝情揚團隊、陳生、Debbie 及各位師姐師妹，好開心一齊行這條 keep fit mission possible 嘅路！

Angela Hong

我 60 多歲，希望減磅可重拾喜愛嘅跑步，輕輕鬆鬆食得開心又夠飽。實行 3 個 Cycle 已經減咗 26 磅，身體健康咗，皮膚不再乾燥，最開心醫生遠離我，心境年輕而且自信滿滿。感謝情揚解答問題、教煮健康餐，多謝陳生、Debbie、營養師及嘉賓訪問，還有各組員互相幫忙解答。

Carol Lee Kelly

我由以前唔飲水、唔食菜、唔食水果，到而家每日最少飲 3,200ml 水，身體健康明顯改善，完成 3 個 Cycle 減咗 26 磅。

Chu Lai Yi

飲水嘅分量始終未能跟足，我希望如倩揚所言，努力克服這個問題，朝着成功方向行，加油！

Eva Ma

這一年不斷改善身體和心靈，感謝自己堅持不放棄，也非常感謝團長的「倩」心和「倩」意。正因疫情下，我更加要「倩」待自己，希望身邊每位朋友活得更健康。最後，我想說：「團長，我愛你！」

Man Yau

我最先在報章看到你減肥後有好好身段，健康美麗，之後加入群組，看到很多朋友仔減完後有好成績，但我一直無開始。看到很多食材要計數比例，而且要買很多種類食材，所以一直以來只看你和其他組員成果，我感到很驚喜開心。

陳倩揚 低醣飲食 系列書籍

豐富你的減醣知識，與你並肩同行！

1 輕鬆減磅概念入門 家常減醣餐單分享

2 更豐富減醣營養全書 加強第一本概念實踐

3 「倩揚廚房」減醣食譜 輕鬆備餐 Let's Go!

著者
陳倩揚

責任編輯
簡詠怡

攝影（食譜部分）
Imagine Union

裝幀設計
羅美齡

排版
何秋雲

插圖提供（部分）
Freepik.com

出版者
萬里機構出版有限公司
香港北角英皇道 499 號北角工業大廈 20 樓
電話：2564 7511　　傳真：2565 5539
電郵：info@wanlibk.com
網址：http://www.wanlibk.com
　　　http://www.facebook.com/wanlibk

發行者
香港聯合書刊物流有限公司
香港荃灣德士古道 220-248 號荃灣工業中心 16 樓
電話：2150 2100　　傳真：2407 3062
電郵：info@suplogistics.com.hk
網址：http://www.suplogistics.com.hk

承印者
中華商務彩色印刷有限公司
香港新界大埔汀麗路 36 號

出版日期
二〇二一年七月第一次印刷
二〇二四年六月第七次印刷

規格
16 開（230 mm × 170 mm）

健康輕鬆飽住瘦
低醣飲食
生 活 提 案
LOW-CARBOHYDRATE DIET